愿将万千祖师心　散作人间不灭灯

悟义◎著

文匯出版社

悟义

中国传统文化学者、作家、禅意音乐艺术家、
东方生命修养体系创始人。

长期精研哲学，精修功夫，精通文艺。

在哲学、文学、书画、琴箫、唱诵、圆相舞、易筋瑜伽、导引、吐纳、太极、音疗、熏疗、茶疗、冥想等方面均有独特造诣，并以直指人心的风格饶益有缘人。

十多年笔耕不辍，撰写传统文化著述四百余万字，对儒、释、道、禅等经典，艺术文化、美学及其在生活中的运用诠释，均有独到见解。

代表作《至宝坛经》《高明中庸 修身为本》《道德经指要》《中国禅》《逆生长的秘密—元修养十五讲》《莲花太极》《掬水月在手》《诗情画意》《本能》《生存》等，由中国社会科学出版社、文汇出版社、中国发展出版社、华夏出版社、中国旅游出版社等相继出版，十多年来发行专著二十八本，作品广受读者喜爱。

2023年悟义老师首张个人音乐专辑《东方古韵—寻剑音声海》由北京音像有限公司出品。

2023年至2024年，悟义老师分别在海南省歌舞剧院、上海东方艺术中心、北京中华世纪坛剧场举办"寻剑音声海"东方古韵唱诵音乐会，深受听众喜爱。

前　言

什么是修养？修养的终极不是调身、减肥、美容、拉筋，也不是太极、瑜伽、舞蹈、艺术，对于传统文化的弘扬和继承，我们不仅应该注重表面，古代圣贤留下的珍宝是他们无与伦比的智慧，如太阳照耀着我们曲折的人生道路前进的方向，面对无常的人生何以解脱？面对不公的社会何以豁达？面对起伏的情绪何以调节？面对无尽的欲望何以安心？

中国传统文化至唐代发挥到了淋漓尽致，而禅文化、禅思想是这个文化的最精华部分，日本人将他们为之倾倒的“禅”应用到了生活的各个层面，花道、茶道、武士道……而我们自己，却在宋朝之后，禅文化日渐衰落，徒有其表。现代人“以禅为美，以禅为学，以禅为趣”，而这些表象已经渐渐背离了中国禅的根本。

一个大国的兴盛，不仅在于经济、高楼、生产，我认为更在于精神、气节、远见和责任，而这一切均来自于一国的文化，什么时候，我们可以像祖先一样在文化上屹立东方、泽被天下时，才是值得我们这些现代中国人骄傲的时刻。

本书从介绍禅的起源释迦牟尼佛和大迦叶尊者的“出家禅”开始，到游戏神通、出入不二的维摩诘大居士的“在家禅”，再到史称第二释迦牟尼的龙树菩萨的“大乘禅”，然后由鸠摩罗什大师将佛教大乘性空思想传进中国。南北朝时期，禅宗初祖达摩东渡将“达摩禅”的唯识思想带到中国，二祖慧可见达摩祖师时已是“博览群书，善谈玄理”，但为求正法，不惜“立雪及膝，断臂求法，但求心安”，于是继承法脉，再传三祖僧璨，著《信心铭》传世，弘扬发展。后至六祖惠能将“明心见性，顿悟成佛”的“中国禅”推至前所未有的高度。

中国禅的核心是“直指人心，见性成佛。不立文字，教外别传”。

禅“不立文字，直指人心”，现代人对禅的理解过于庸俗化、商业化、浅薄化，我们在这里系统地将中国禅文化的思想精华予以归纳整理，以期找回真正中国禅文化的思想本源。找回禅本身济世度人的教化功能，帮助人们找回快乐自在。健康才有快乐，安心才得自在。

人的根本局限，在于有肉身，寿命有限不得不死，肉身被无限的欲望支配，受有限的智力指引，为欲所苦，为情所迷。因此般若禅智慧是分身术，帮我们把内在的灵性从肉身中唤醒，让他站在高处、远处，更清楚地观照肉身，自由地来去，俯视这些尘世中的缘来缘去，喜乐交替。不为所迷，不为所累。

禅讲理事一如，理不是理论的理，而是原点、本体。所以让我们回到本源。在这里，禅文化将展示它的特殊魅力，“一苇渡江”“婆子点心”“拈花微笑”“打牛打车”，大开大合，以心传心，佛魔俱遣，生杀同时，只破不立，千圣不传。

本书讲述禅文化的演变，细论禅法，禅法即心法。禅心放之四海而皆准，适合于各种有信仰、无信仰、喜爱和想深入了解中国传统文化的读者，理解了禅文化的内涵，自然就体悟到了“东方生命修养”里许多不可言说的神奇修法的来源。现代人大部分身心皆病，而我们这个难得的人身早已是万缘俱足，万法齐备，又何必去外求什么灵丹妙药?

本书内容涉及中国禅的思想哲理、实修体证、文化渊源、艺术表现、功夫修为、诗词修养、调身养生等各个方面，帮助喜爱中国禅文化的读者认识中国禅的无穷魅力。

西方权威学者在二百多年前开始仔细研究东方思想文化时已定义:由于“禅”本质不重视仪式、戒律、身份、形象，不重生死轮回，随缘而形，随缘即应，所以“禅”是文化，是思想，是哲学，是艺术，不是宗教。

“人类到释迦牟尼时代，辩证思维才成熟。辩证法最初来源于佛教。”——恩格斯

“佛学乃哲学之母，研究佛学，可补科学之偏。”——孙中山

“佛教的理论，使上智人不能不信。佛法与其称为宗教，不如

称为哲学的实证者。”——章太炎

北大哲学大师楼宇烈先生在《中国佛教与人文精神》一书中，也提倡人本主义的佛教修养精神：“人文问题是所有宗教共同关注的问题，但是大多数宗教都是借助于神道的精神和理论来关注人文问题的。唯有佛教则自释迦牟尼创教之时起，即充满了重视人类依靠自身的智慧和毅力来自我解脱的人文精神。即使在大乘佛教的发展过程中也有浓厚神道色彩的一面，然其解脱修证的理论、实践以人为主体的根本精神，仍占据主导的地位。在中国禅宗那里，则更是把佛教这种以人为主自我解脱的人文精神发挥到了极致。”

南怀瑾先生一生最重禅法，不二精神和禅法都是难以用文字表达的，就如《楞伽经》上说的“无门为法门”。禅宗形容为：如珠之走盘。像一颗珠子在盘子里滚，周流无所不到，也没有固定的方向。

万古长空，一朝风月……

好吧，就让我们一起沐浴进禅文化的历史长河，体悟这无穷的般若智慧吧……

感恩所有关注本书的大善知识！

行方便法，济无数人。

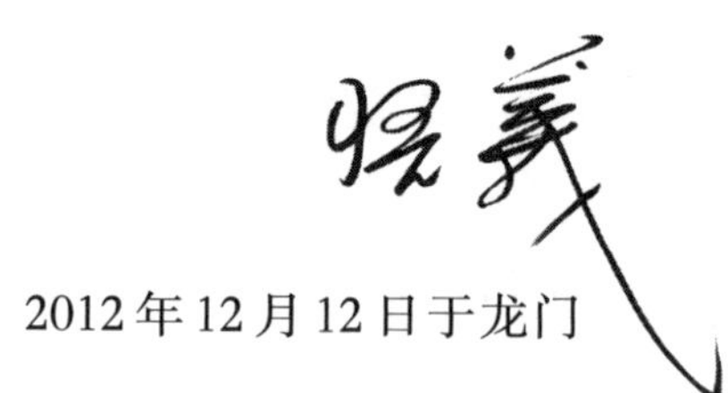

2012年12月12日于龙门

目录

引　言

我早年经商，身体一直处于亚健康状态四处求医不可得，最终由于结缘中国禅后而身心转化。重获身心灵的新生后，我发愿将此不可思议之法回向给社会大众。这些年来我一直在各地实修证悟，尤其是深入到中国禅的修悟中，提炼总结出一些适合现代人修炼提高身心修养的方法——东方生命修养。

宇宙万物，一切外在的“相”。如山河大地，日月星辰，草木丛林，人事代谢。“相”不仅包括可以眼见的物体，还包括无形无色却可知可感的生命之“相”，如能量、气场等。或可眼见，或可声闻，或可感可触，“相”即森罗万象的世间万物。

《六祖坛经》中，道明上座问六祖：“上来密语密意外，还更有密意否?”六祖答道明：“若汝返照，密在汝边。”

“密”代表宇宙万法，一切事物内在的规律。外在的“相”如何产生？为何对人的生命产生影响？因为有“法”。

密是不可思议的。法代表着宇宙内在的哲理和含义。

相与密互为阴阳，互为表里，共同构成生命的存在。

现代人太注重外在物质、事业、发展、社交，每天“忙、盲、茫”

的生活,缺乏信任感和安全感。东方生命修养通过传统的修养方法帮助现代人找回自己潜在的能量,开发我们对身体的觉知能力,消除内心的紧张、不安、恐惧和迷惑,提高自信心,只有自己内心发生改变,相信自己本来具有的自性清净,相信宇宙间有不可思议的神奇力量,人生才能圆满自在。

人的生命离不开时空,时空便是每一个生命当下的处境。很多时候,我们希望解脱身心的羁绊,体验庄子所言"天地与我并生、万物与我为一"的逍遥境界,然而,时空却无所不在地包围着我们,有限的身体的存在使得我们无法去追求纯粹心灵的解脱。心为形役,苦不堪言。若能超越时空的束缚,便是超越了生死之流,体验天人合一,梵我一如,获得生命的大自在。

我们大部分人,一辈子在身心灵中属于身体的范围内生活,所以和动物一样喜欢计较,争斗物质、生存环境,抢地盘,没什么属于精神的追求,由此而空虚,无聊,寂寞,无助,不相信自己的能量,找不到自己。

人如果为了结局快速而轻忽过程所产生的时间压缩,不仅未能使我们有更多空间来陶冶情操,悠然生活,反而会使我们更忙碌、烦恼、焦虑与不安,在暗地里付出沉重的代价而犹不自知。这些代价最大的是,由于拼命想主控外境,反而终日被外境所控,失去敏于深思反省的时间及源源不断的灵性与能量。这种状态就是《心经》中说的"颠倒梦想"。

我在这些年禅文化的修悟中,深刻感到禅修时平日里身心的约束如同莲花缓缓绽放,从被外境控制的闭合、黑暗状态,而豁然开朗,心情舒展,生命的花朵如春天般绽放,臻于圆满幸福的所在。禅最终让我超越身心、凡圣、世间出世间的约束和界限，禅使形而上的精神和形而下的物质不二，在生活中实现自在逍遥的理想境界。

我们在日常生活中很容易为情所困，为物所累。喜怒哀乐本是人之常情。但情绪是无常的，具有极大破坏性，情绪上产生的垃圾如果滞留在身体内，让我们压力大，思虑多，进而影响健康幸福的生活。儒家强调用教育来使人生更有涵养，“君子有所为有所不为”；《瑜伽经》中强调用意念控制意识的转变；道家讲究脱离世间繁杂的环境而求清净，而唯独“禅”，强调烦恼即菩提，佛法在世间，不离世间觉。

一切烦恼在生活中自然可以转换为“乐我常境”，这种生活禅讲究时刻保持清净平和觉知的心。

人生命的本源来自于情，有情众生在生活中可以看到的现象是情，看不到的能量是性，禅心就是“情性不二”。

相和密

相和密是本和迹的关系。密是不可思议的迹，禅为本。

关于生命的来源，各种宗教、哲学的论述都不尽相同。但无论是大乘佛法的“因缘和合”还是宋明理学的“理一分殊”或是道家 的“元气”，都没有生命起源的具体答案。我们这个生命体内，包含了无量的小生命，几十兆的生命细胞，比地球上人类的总和都大得多，每个细胞都是一个独立的个体，这些无量的生命体在人体内如何有效运转、和谐共处？

这些生命细胞的生老病死直接影响到我们身心的健康、衰老与死亡。这些无量的生命由谁主宰？同样的一件事情，一个人，可能今天给你带来快乐，明天却给你带来痛苦，这种变化又是从哪里来的？有人说由心主宰，那么心在哪里？这个带动生命的主体，产生能量、动力、活力、精力、思想、精神的主体在哪里？

人体死亡后，这个生命就消失殆尽了吗？不同的宗教、哲学又有不同结论。

佛法认为生命中的这些不可说、不可量的神秘现象是“身口意”来带动的，故称为“三业”，又叫“三密”。

生命的根，禅认为是“不生不灭”的“佛性”，又叫本性、自性、灵性，道家认为是“无为而无不为”的“道法自然”，儒家认为是“浩然之气”的“天意”。

这些不可思议的现象，我们以神秘的方式来解释和接受叫“宗教”，以自己生命本质的方式来解决叫“禅”。

人是渺小而柔弱的，所以我们通常遇见问题、困难、疾病时会恐惧、急躁、不安，每个人的心都需要依靠点，通过依靠外在主宰的神力而获得安心叫“宗教”，通过自己的生命内在力量自证自悟获得安心叫“禅”。

修养强调当下的心，当下的念头顿悟，自见本性，光芒万丈，这种自性的光芒即是智慧。

本和迹是手心和手背的关系，就像阴阳的关系。跟随迹的神秘也可以达到本的境界。但路途遥远，什么时候可以到达目的地，路上会不会迷路，我们不清楚。本迹不二，可以采用并行本和迹的修养方式，不偏重，不单一。这就是佛法说的“中道”，儒家说的“中庸”，道家说的“无为”。

本书通过十五位禅门导师、大觉者的证道经历、智慧思想，梳理禅的正脉、正法、正信，结合我们现代人的问题，尝试共同寻找答案。

在释迦“缘起性空”篇，我们重点讨论佛法的特质：缘起法，十二因缘。

在维摩“因痴有爱”篇，我们通过须菩提尊者和维摩诘大居士的对话，讨论语言游戏带来的幻象。

在迦叶“拈花微笑”篇，我们将展现禅门第一公案，禅的起源与核心精神。

在龙树“出入不二”篇，我们将大乘佛教的奠基者龙树菩萨的“八不中道”中观论集中分析理解大乘空观。

在罗什“无常空门”篇，我们会还原中国四大译经师之首的罗什大师的生平以及他对中国佛教不可磨灭的贡献。

在达摩“一苇渡江”篇，我们看到一个伟大的禅门初祖，面壁九年，他将禅的思想传进中国，他的“二入四行”理论对后世禅法的影响。

在慧可“罪无自性”篇，我们可以感受“断臂求法”带来的震撼和感悟。这篇中，我们还将分析禅宗对轮回说的观点。

在僧璨“不二皆同”篇，我们看到禅宗三祖僧璨禅师受命于危难之时，坚定不移，信心不二地将禅法传承，他的著作《信心铭》也是他一生的修法感悟。

在神秀“看心看净”篇，我们将为神秀禅师还原真实面目，由于北宗禅法衰落，有许多对渐修禅法的误解，法无顿渐，渐法真的衰落了吗？

在惠能“明心见性”篇，我们打开惠能禅师的心扉，分析为何一个师父下面会分出“渐”“顿”二种不同禅法。惠能禅的特点又是什么？

在马祖“打牛打车”篇，我们来认识一下这个拥有一百多位大成就弟子的了不起的马祖禅师，他如何开悟，他的思想，他的传承。

在大珠“有情成佛”篇，我们来领略一下大珠慧海禅师的精妙禅话。

在宝积“听哭哀哀”篇，我们再次讨论生与死这个不可避免的话题。

在赵州“有无吃茶”篇，我们见识一下赵州禅师，他如何以茶济度众生，茶禅如何一味？

在圆悟“小玉檀郎”篇，在爱中修行，我们终究要以爱为生活禅结尾。

每个人都有自己相应的机缘，这十五位大觉者，有他们相同或不同的思想，我们不一定需要和十五位的思想、理论都相应，但我们可以在这些人中发现自己感兴趣的观点、修法。找到了，可以进一步深入了解，进而确立自己的方向和寻找自己的明师。一旦确立修法和师父，我们就要专心致志，如果三心二意，是不可能有成就的。万法平等，法无高低，适合自己的就是最好的。

人一旦进入中年，健康、气质是靠修的，智慧、灵性是靠悟的，智慧的光芒如同天上的星星在闪烁，文字无法形容这种光芒和美丽，这一闪一闪的遥远的诗意的星光需要一层一层传递，供世人遥望和冥想……

本书希望通过文字传递中国禅智慧的光芒，从而激发读者心底那神秘的、勇敢的自我追寻之旅，而在这种传递中找回自己，自信、自足、自强不息、活力充沛，让生命更加有意义，有价值，心不再执著、纠结、计较、分别，而变得豁达、包容、自在、快乐，这是修养的终极目的。

释迦　缘起性空

悟道

公元前530年冬天，当他走出伽阇山苦行林时候，已经在山里整整苦修了六年，日食一麻的生活，让他骨瘦如柴，形同干尸，他仍未悟到解脱之道。

他眼中的这个世界就像是一所失了火的房子，而世人依然在屋中自娱自乐，浑然不知身处即将被烧死的危险，沉迷在自己那些小小的物质追求中。

而他——这个显赫而英俊的太子，放下世人追求的极致富贵，放下依依不舍的娇妻、幼子、老父，发誓要悟道度众生于水火，他仿佛是父亲，看到自己的孩子在失火的屋子里玩耍，又怎么能安心置之度外呢？

可是，六年过去了，他还是没有找到解脱的正法，他决定舍弃当时修行者普遍采取的苦行，渡过尼连河，并接受了河边好心的牧羊女布施的羊乳，以恢复体力。然后他在河里尽情地洗尽身体上的污垢，随从他的五个人见他这样做，以为他放弃了修行，便离开了他，前往波罗奈城的鹿野苑去再修苦行。

他一个人缓步来到伽耶山，在一棵如伞一般枝叶茂密的菩提树下，以吉祥草敷垫，结金刚坐，东向端身而坐，立誓："我今若不证无上大菩提，宁可碎此身，终不起此座！"

他就这样默默静坐了七天。（也有四十九天等不同说法，可中国禅重视每年从农历十二月一日至八日凌晨的七天禅七活动来契合佛陀悟道。）他在没有任何导师的帮助下，在没有任何伙伴的陪同下，以自己坚定的决心，以自己无比的清明，作最后的寻求。他克服了语言难以描述的内外魔障，彻见自己本来面目，止息一切妄想无明。

他用安那般那数息观，进入了初禅；然后次第进入二禅、三禅和四禅，他在禅中清除了自己思想上的杂念。

他直接了解了过去生中的事，证得了宿命智。接着他发天眼智观察到众生的生灭以及生存的苦乐交替，了解到一切都是以其业力为根本的。最后，他彻底看到了，此是苦，此是集（苦因），此是灭，此是道（灭苦之道）。

他真正体悟了：此是有漏，此是有漏之因，此是有漏之灭，此是导致有漏之灭的道。

他明白了自己已从诸漏中解脱：从欲漏解脱，从有漏解脱，从无明漏解脱。

由于他的心解脱，慧解脱，他自然拥有了无上漏尽智。他知道今后永远不会再有"有"。

尔时，菩萨以慈悲力，于二月七日夜，降伏魔已，放大光明，即便入定思惟真谛，于诸法中禅定自在，悉知过去所造善恶，从此生彼，父母眷属，贫富贵贱，寿夭长短，及名姓

> 字，皆悉明了，即于众生，起大悲心。尔时菩萨，既至中夜，即得天眼，观察世间，皆悉彻见，如明镜中自睹面像，见诸众生，种类无量，死此生彼，随行善恶，受苦乐报。
>
> ～《过去现在因果经》～

在他即将开悟之前的最后关键阶段，来了三个无比美丽的姑娘，在他禅坐的树前，跳起了诱惑的舞蹈，但他不为所动。依《佛本行集经》所述，魔王害怕他最终成佛，悟到至道，故派遣她们以一切方法诱惑他，她们三人，一名“欲染”，一名“能悦”，一名“可爱乐”。她们跳舞嬉戏，献出种种的媚态，欲以色诱，将他拉进情欲的漩涡之中！

此时他如如不动，任她们怎样放浪形骸，他湖水一样清净的心中，除了想证悟之外，没有其他的杂念。魔女们一番无效折腾后，沮丧地落荒而逃。

农历十二月八日，这个平凡而又伟大的清晨，太阳还没有出来，林中小鸟在歌唱，天空中呈现出将明未明的鱼肚白。五时许，他突然睁眼，抬头望着东方天空，启明星明亮的光芒照耀下，他瞬间开悟，仰天长叹道：

> 奇哉！一切众生皆具如来智慧德相，唯以妄想执著，不能证得。

他因正观独一无二的“缘起法”而成就“无上正等正觉”。

世人尊称他为“佛陀”，圣号“释迦牟尼”，这一年他三十一岁

（或说三十五岁）。

佛陀这一低沉的叹声，声震寰宇，惊天动地！这个世界因为这一刻而改变。

这一年，老子正值中年，离他优哉游哉骑青牛，出函谷，去西域，不经意给世人留下流传千古《道德经》的日子还有一些时间。

这一年，孔子正值青年，娶了宋国亓官氏的女儿为妻，生了唯一的儿子孔鲤，正在体会天伦之乐，精进学习中。

要准确评估佛陀开悟时所说“**奇哉！一切众生皆具如来智慧德相，唯以妄想执著，不能证得**”这句话的重要意义，首先必须理解古印度不平等的种姓制度。

佛陀并没有说印度尊敬的婆罗门和刹帝利们具如来智慧德相，吠舍、首陀罗和“不可接触者”等其他微贱的人们不具如来智慧德相。佛陀说的是，一切众生都具有智慧德相，只是由于内心太过执著于世间诸般杂念，因此不能参透人生的真理，得成正道。

那什么是佛陀眼里的一切众生呢？

《金刚经》第三品世尊云：

> 所有一切众生之类，若卵生、若胎生、若湿生、若化生、若有色、若无色、若有想、若无想、若非有想、非无想，我皆令入无余涅槃而灭度之。

在佛陀眼中，一切有情、无情、有想、无想等等全是众生，皆须令入无余涅槃而灭度之。

《阿含经》引述佛陀的话说：

不应问生处，宜问其所行，微木能生火，卑贱生贤达。

意思是不要看一个人的来历，而要看其所作所为。即使是很细小的木屑，也能生火，有很多圣贤，出身其实也很卑微。所以，佛陀是在古时如此不平等的社会环境中伟大地提出众生平等概念的第一人。

佛陀“人人可以成佛”的思想超越了种姓、国界、年龄、性别、肤色、语言、文字……最终，使佛教成为世界三大宗教之一，焕发出了越来越强大的生命力。

今天，即使在基督教势力非常强大的美国，佛教徒也已近二百万人。一部分佛教寺庙还像基督教一样将宗教生活安排在星期日上午举行，大家在钢琴伴奏下诵读英译的佛经，取代了东方的晨钟暮鼓，顶礼焚香。

这句话的另一个伟大的意义在于，这之前，人们都是依靠宗教、神灵、神通的力量寻求解脱、安心之法，而佛陀首次确定地将神本主义的思想改变成了人本主义的思想，佛陀是“以人为本”的第一人！

人人皆有佛性，皆具如来智慧德相，唯以妄想执著，不能证得！这个思想是后来中国禅的代表思想。

那佛陀是怎样在菩提树下悟道成佛的呢？

让我们用现代科学的角度来回顾一下当时的情景：

七支坐

根据佛经上的记载，佛陀悟道的坐姿采用的是七支坐法，这种坐法后来失传，据说有五百罗汉，修持多年，始终不能入定。虽然知道从远古以来，便有这种静坐入定的坐姿，但始终不得要领。有一次在雪山深处他们发现一群猴子，利用这种方法坐禅，他们依样学习，便由此证道而得阿罗汉果。

这个神话似的传说，无法加以考证。总之，这种七支坐法是合于生物天然的法则，那是毋庸置疑的。而且这种姿势，大体来说，很像胎儿在母胎中的静姿，安详而宁谧。

七支坐法是指肢体的七种要点：

(1)双足结跏趺坐(双盘)。

(2)脊梁直竖，使背脊每个骨节，犹如算盘珠的叠竖。

(3)左右两手圜结在丹田处，平放在胯骨部分。两个大拇指轻轻相拄，结印。

(4)左右两肩稍微张开，使其平整适度为止，不可以沉肩弹背。

(5)头正，后脑稍微向后收放。前颚内收，稍微压住颈部左右两条大动脉管。

(6)双目微张，似闭还开，好像半开半闭地视若无睹。目光随意确定在座前。

(7)舌头轻微舔抵上腭,犹如还未生长牙齿婴儿酣睡时的状态。

七支坐法有哪些好处呢?

(1)首先,金刚坐是指右脚在上,左脚在下的双盘姿势,会产生金刚怒目的威力,它和人的右肾有关系。身体有两个肾脏——左肾脏、右命门,如右肾衰竭,命虽在,但气若游丝。命门是生机、生精、生水、生气之门;左肾只是进行肾的营养再吸收,跟气机没有直接关系。用右腿在上的金刚坐会刺激右肾的肾脏腺素分泌,更加坚强人的意志力,故佛像基本采用金刚坐。

(2)进入禅定时,脊直肩松,百会与会阴成垂直一线,放松自然,气血流通,稳定得就像座塔。笔直经纬与天地共振,经脉有规律可循,则督脉上乾清明,下坤培藏,升降有律,任脉左右逢源,箍束横固,平定十方,稳稳有度。

(3)七支坐法又名禅定坐,龙树菩萨在《大智度论》卷七有云:

> 问曰:"多有坐法,佛何以故唯用结跏趺坐?"
>
> 答曰:"诸坐法中,结跏趺坐,最安稳不疲极,此是坐禅人坐法,摄此手足,心亦不散。又于一切四种身仪中最安稳,此是禅坐取道法坐,魔王见之,其心忧怖。"

七支坐法:一、可摄身轻安;二、能经久不倦;三、为外道皆怖;四、持形相端,故为佛门正坐。

菩提树

何谓菩提树？它是南亚次大陆的一种热带雨林乔木，桑科榕属，拉丁文学名为 Ficus religiosa Linn，英文名为 Bo Tree，高 10 至 20 米，树冠巨大，不开花，但结扁圆果实。本名为毕波罗树，因佛陀在这种树下顿悟得道，因此改名为菩提树，是佛教圣树，也是印度的国树。

佛陀悟道的那株菩提树历经两千多年的风雨，至今依然存活。菩提树枝叶茂密，如伞一般，为树下静坐的佛陀遮风挡雨，避阳直射。静坐时如果阳光直射，或者风吹雨淋，必定会对佛陀的内心和身体产生一定的影响。

启明星

为何会在清晨五点钟开悟？

我们再分析一下，佛陀开悟是悟到了佛法独特的四圣谛之间的因缘关系，十二缘起，“缘起法”是佛法最重要的理论基石。

此有则彼有，此生则彼生；此无则彼无，此灭则彼灭。

十二缘起的开始是无明，无明就是在这太阳未升，明月已落，天色黯淡，将明未明之时所升起的杂念和恐惧。佛陀就在这最黑暗的时刻目睹启明星光芒，悟到世上的万物相互依存、生灭循环的关系。

没有白天哪有黑夜？山河大地、花草树木、一人一物，乃至微尘沙砾等，皆是因缘和合而生，也都将随着因缘分散而灭。

所谓生者必死，高者必坠，聚者必散，积者必竭。

这个宇宙人生的至理——“缘起法”是佛法的根本教理，也本是佛教异于其他宗教、哲学、思想的最大特性。《楞严经疏》云：

> 圣教自浅至深，说一切法，不出因缘二字。

缘起并不是佛陀所创造或制定的，而是宇宙人生的真理，佛陀只是发现了这个究竟真理而证悟成佛。

万物因为缘起而有，它的本性是“空”。这就是“缘起性空”。

性空即缘起，缘起性本空！因为本无实在的本性，所以才能依众缘和合生起；因为唯依众缘和合生起，所以本无实在的本性。

天下万物莫不如此。例如一粒种子埋在地下必须有空气、阳光、水才能生长。种子是“因”，阳光、空气、水等为“缘”，这些因缘都具足了，才有生长的“果”。

佛陀证得圆满菩提以后一周，在菩提树下继续体验解脱的法乐。然后他进一步观察总结了缘起法则，他在菩提树附近的六个不同地方单独隐居了六周。第七周，他决定出发寻找从前同修苦行的五位朋友说法——生灭四谛，去鹿野苑初转法轮。

佛陀开悟的条件我们分析了一部分，其他例如古印度当时的气候、环境、宗教气氛等我们就不一一列举了，但这些外在的条件具备了就一定可以开悟吗？如果我们在同样的时间、地点、气候、环境下去佛陀开悟的那颗菩提树下打坐就一定可以开悟吗？人人皆有佛性，但人人都有机缘找到佛性，开悟成佛吗？同样的水，蛇饮变毒，牛饮成奶。一样的法，一样的条件，取决的关键是当下的心。

那什么是当下的心呢？

须菩提

时，长老须菩提在大众中即从座起，偏袒右肩，右膝着地，合掌恭敬而白佛言："希有！世尊！如来善护念诸菩萨，善付嘱诸菩萨。世尊！善男子、善女人，发阿耨多罗三藐三菩提心，云何应住，云何降伏其心？"

佛言："善哉，善哉。须菩提！如汝所说，如来善护念诸菩萨，善付嘱诸菩萨。汝今谛听！当为汝说。善男子、善女人，发阿耨多罗三藐三菩提心，应如是住，如是降伏其心。"

"唯然，世尊！愿乐欲闻。"

～《金刚经》善现启请分第二～

我们在这里要去见见佛陀了不起的弟子，通篇《金刚经》的主人公须菩提长老。

话说这天，须菩提长老在大众中站立，偏袒右肩，右膝着地，合掌恭敬地问佛陀："世尊，我们怎样可以降伏当下这颗纷乱的心，心因为外界的事物、现象的干扰，而生出许多无明烦恼，我们怎样真正解脱,快乐自在呢?”

佛陀直截了当地回答:“发阿耨多罗三藐三菩提心就可以伏心。”

发阿耨多罗三藐三菩提心,简称:发菩提心,再简称:发心。菩提是梵语和巴利语的bodhi,意译觉、智、知、道,乃断绝世间烦恼而成就涅槃之智慧。佛之菩提无上究竟,故称阿耨多罗三藐三菩提,故称为:无上正等正觉。

佛陀告诉须菩提长老发菩提心可以保持一心不乱,可以在平时生活中保持不生不灭的中道智慧。

那如何在平时生活中保持专一的境界,时时刻刻,行住坐卧,一举一动保持发心,而不是另外再去寻找呢?

佛陀用每天一次的社交活动来训练僧众生活中保持随时随地的发菩提心。

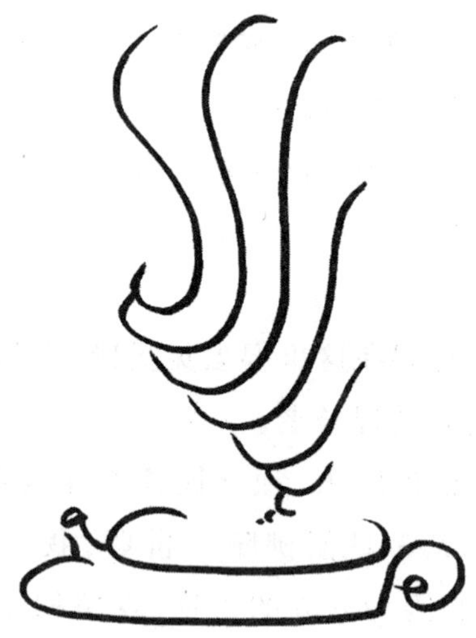

乞食

如是我闻。时佛在舍卫国祇树给孤独园。与大比丘众、千二百五十人俱。尔时，释尊食时，著衣持钵，入舍卫大城乞食。于其城中次第乞已，还至本处。饭食讫，收衣钵，洗足已，敷座而坐。

~《金刚经》法会因由分第一 ~

每天上午早课完毕，佛陀会在法床上起身，披上庄严的大衣，从居住地给孤独园动身，带领一千二百五十多人去乞食。

在僧团里，每天一次的乞食行为是很严肃认真的活动，乞食既可以维持僧众们日常生命所需的热量，又可以和众生沟通、交流，最重要的是，乞食行为是回向众生供养的重要形式。

古印度，布施给修行人饭食是功德，而修行人在乞食的过程中，他们将自己的修行精神、体悟、能量、思想回向给布施饭食的众生，在这个互动的过程中，彼此进一步了解和需要。

住在城郊树林里的僧众们每天早课完毕，由佛陀带领，披上庄严的大衣，以示对布施者施饭恩惠的尊重，和对乞食这个行为的态度。

大家手持干净的饭钵，光脚一步一步向城市走去，进城后各自散开，找自己相应的街道、人家，开始乞食。

按照规定，乞食的顺序是从开始的第一家算起连续七家，别人给什么必须吃什么，即便不给，过了七家，一天的乞食行为也算完成了，不可以继续乞讨。僧众们过午不食，一天只吃一顿，因此，每天的乞食行为很重要。

哪条街，哪一家的饭菜好吃，施主态度和蔼，哪一家有大法堂，哪一家的公子特别聪慧等也是僧众们喜爱讨论的话题。大家都很期待分享当天乞食的有趣经历，然后给对方评论，一起提高智慧。

吃完饭，将饭钵洗净，稍事休息后，僧众们净脚结跏趺坐，上坐听佛陀讲法。

在每天的乞食过程中，僧众进入世间，在生活中领会佛法教化众生的含义，体会凡人生老病死，反复无常的世间百态，了解他们的苦恼和欲望，也提醒、观察自己每天在生活中如何时时刻刻保持不生不灭的菩提心，可以穿衣吃饭不离证悟，用乞食的行为帮助众生离苦得乐。

佛陀总结众生的苦，离不开生、老、病、死、爱别离、求不得、怨憎会、五蕴炽盛这八苦，要脱开这些苦，我们需要进一步理解苦乐循环、交替的规律，理解“缘起性空”的伟大含义。

缘起性空

据经典里记载，佛陀的另一位大弟子舍利弗未皈依佛陀前，跟着外道中的一位师父修行。一天，他在路边看到马胜比丘。一个修行人的威仪和气场就是其内在的展现，舍利弗非常有智慧，一看就知道马胜比丘与众不同，庄严肃穆的威仪使他非常感动和震撼，所以马上就去问道："请问您师父是谁？学的什么法？"马胜比丘告诉舍利弗：我的师父是释迦牟尼佛，他讲的法就是：

诸法因缘生，法亦因缘灭，是生灭因缘，佛大沙门说。

舍利弗在听这个偈子的当下就远离尘垢得了法眼净(初果)。

他回去后高兴地告诉和他一起修行的好朋友目犍连，他们两个都是领导人物，各领导着二百多人修行。目犍连就欢喜地和舍利弗一起皈依了佛陀。

半月后，佛陀在为长爪梵志开示时，出家仅半个月的舍利弗站在佛陀身后，当下就证了阿罗汉果。

论因说因点出了“因缘法”的殊胜，能把握这点，就可以理解佛法与其他思想的宗教及哲学间不同处了。

缘起法显示出世间上没有独存性的东西，也没有常住不变的东西，一切都是因缘和合所生起，宇宙万法生灭变异的关联，也显示出人生苦乐的来源。

世间万法是“无常”的，好的有可能变坏，坏的也有可能变好。我们既不必执著在欢乐的事情上，因为欢乐不长久，我们也不必害怕困难、挫折，因为一切终会成为过去，因缘所生的万法，有赖于诸缘，一旦因缘散失，所生的诸法自然亦趋于散灭，“无常”是生活的常态。

诸法既是因缘所生，空无自性，无自性便无法自我主宰，所以说“无我”。我们若能正观缘起的诸行无常、诸法无我，便能通达无碍，远离一切欲望、烦恼。烦恼是使人不能解脱自在的最大障碍；烦恼既除，当然就能获得生命的解脱。因此中国禅创始人惠能禅师阐明：

佛迷则是众生，众生悟即是佛。

世人往往有一个错误的观念，以为“空”是没有。在佛法中，空才能有，例如房子不空，就不能住人；胃肠不空，就吃不进东西。

因为空，才有一切可能性，“有”是依“空”而立的。

《般若心经》云：

色即是空，空即是色。

龙树菩萨在《中论·观四谛品》中提出：

以有空义故，一切法得成；若无空义故，一切则不成。

这就是“有依空立”的理论根据。

如果从有情众生的生命流转来看缘起，佛陀告诉我们，生命不是由造物“主”所创造的，而是由自己造作而成的，并且不是单一原因而来的，它是由“十二因缘”因果相续而成的。十二因缘又称“十二缘起”，即：无明、行、识、名色、六入、触、受、爱、取、有、生、老死。

缘起表现在有情生命的流转上，称为“十二缘起”；表现在世间事事物物的生成上，则称为“因缘所生法”。

十二因缘说明了有情众生流转生死的前因后果，在此流转中唯有烦恼、业行及苦果（即惑、业、苦）；他们是相依的因缘生灭在相续流转，使我们感受到人生的过程，感受到生命在生死流转，实际上，这中间没有主宰者，没有作者，没有受者。

无明缘行，行缘识，识缘名色，名色缘六入，六入缘触，触缘受，受缘爱，爱缘取，取缘有，有缘生，生缘老死。

其中，共十二因缘三世二重因果。

第一重，过去因到现在果：过去因，为“无明”和“行”；现在果，为“识、名色、六入、触、受”。

第二重，现在因到未来果：现在因，“爱、取、有”；未来果，“生”和“老死”。

而“苦集灭道”四圣谛中的“苦集灭”三谛讲的也是因缘法：“诸法因缘生，法亦因缘灭”，一切法的生起和消灭同样是从因缘而产生的。

佛陀最主要的开示就是生灭因缘，这也是佛法的主要标示和特质。所以佛法即以因缘为主而教化众生。

“法不孤起，仗境方生”，这个“境”就是因缘，世间一切现象都是因缘和合所产生的假相，本身并无自性，因此“缘起性空”。由于无自主性，所以能随着缘生而现，缘灭而散，因此说“相由缘现”。

“缘起法”是佛法的核心。无论信佛和不信佛的人，如果对缘起法有了一定的认识，当下就会受益。

理解了“缘起法”的性空和因缘起灭的循环的道理，我们下一小节继续讨论一下十二因缘的“三心不可得”。

三心不可得

“须菩提！于意云何？如来有肉眼不？”

“如是，世尊！如来有肉眼。”

“须菩提！于意云何？如来有天眼不？”

“如是，世尊！如来有天眼。”

“须菩提！于意云何？如来有慧眼不？”

“如是，世尊！如来有慧眼。”

“须菩提！于意云何？如来有法眼不？”

“如是，世尊！如来有法眼。”

“须菩提！于意云何？如来有佛眼不？”

“如是，世尊！如来有佛眼。”

“须菩提！于意云何？恒河中所有沙，佛说是沙不？”

“如是，世尊！如来说是沙。”

“须菩提！于意云何？如一恒河中所有沙，有如是等恒河，是诸恒河所有沙数，佛世界如是，宁为多不？”

“甚多，世尊！”

佛告须菩提："尔所国土中，所有众生，若干种心，如来悉知。何以故？如来说：诸心皆为非心，是名为心。

所以者何？须菩提！过去心不可得，现在心不可得，未来心不可得。"

~《金刚经》一体同观分第十八~

其实，这段洞彻三心之文并及圆明五眼之文，皆是说明我们前面所说之"发阿耨多罗三藐三菩提者"之义的。

但洞彻三心之文，却与德山宣鉴禅师的悟道有着不可思议的因缘！

德山禅师（公元782～865），唐代禅僧，俗姓周，中国禅著名的棒喝悟道的德山棒就是他的佳作。年少出家，精研律藏，熟记贯通大小乘诸经，因常讲《金刚般若经》出名，人称"周金刚"。

德山本是讲经僧，在西蜀讲《金刚经》。时有龙潭禅师在南方，大说"即心成佛"。德山遂发愤，怒担起自抄的《金刚经青龙疏钞》。直往南方，欲破他这龙潭魔子，外道邪魔，不重经典，妖言惑众。

初进澧州地界，他走得头昏眼花，饥肠辘辘，路上见一婆子卖油糍，遂放下《疏钞》，欲买点心吃。

婆问："客欲何往？所载何物？"

德山答曰："欲见龙潭辩经，担《金刚经疏钞》。"

婆再问："我有一问，你若答出，油糍作点心布施给你。若答不得，别处吃去。"

德山云："但问无妨。"

婆一笑："《金刚经》云：'过去心不可得，现在心不可得，未来

心不可得。'你现在欲点哪个心?"

德山一怔,呆立无语。

婆笑而引道,带他去见龙潭。

才进院门,德山大声说:"久闻龙潭,及至到来。潭又不见,龙又不现。"

龙潭禅师于屏风后现身:"你可曾亲到龙潭?"

不久天黑,龙潭对德山道:"何不回房休息?"

德山道声珍重,揭帘而出,见外面天黑,伸手不见五指,转身回来,说:"门外黑。"

龙潭点纸烛给他,德山方接,龙潭便吹灭纸烛。

德山澈然大悟,倒头便拜。

龙潭哈哈笑道:"你见个什么便礼拜?"

德山惭愧地说:"自今后,再不疑天下老和尚舌头。"

第二天,德山取了千辛万苦担来的《疏钞》,于法堂前,付之一炬。

德山禅师从讲师到禅师,悟道经历皆与《金刚经》有着特殊之因缘。最初在西蜀时以阐讲《金刚经》为已任,自以为理解了经文大义,为破龙潭禅师"即心成佛"之说便发足南下,不料在路上被婆子的三心之问,问得哑口无言,才知南方之禅已风靡时下。再参龙潭崇信禅师,就在深夜纸烛的明灭中豁然开悟。

当时婆子将《金刚经》里的上文截断,直将下文发问,可德山禅师当时心死在了句下,他忽略了"过去心不可得,现在心不可得,未来心不可得"之句,乃是阐释上文"如来说诸心,皆为非心,是名为心"之义的。婆子的截前问后,说明了参禅一法贵在发疑的重要,若能当下打破疑团便不用参究,直见心性。婆子所发之问暗藏机锋，德山无言迎战。可就因这疑团而未破故，至龙潭时被他以纸烛的明与灭而点破，从而使德山彻悟心源，不再疑即心成佛。由此可见《金刚经》之圆明五眼、彻泯三心之文的可贵。

三心不可得，佛法认为超越时空可进入不生不灭的涅槃，但有生命的人脱不开时空的范围来追求超越物质的精神的永恒性。物质离不开时空，而追求永恒性的，只能是精神，这种精神，我们称之为佛性、自性、本性、真如……

中国禅认为自己正在追求的即心成佛的念头和本性分不开，可以说没有这种生活中的念头也不存在清净的本性。心和性是不可分割的二面，必须保持契合的状态。

《心经》中说“色不异空，空不异色；色即是空，空即是色”，我们平时看到的一切色相，都是空性的。

所以修养不是修我们看不到的大道，而是让生活中的一切念头，清净起来。这让心净化的过程，就是禅修的过程。

就如同德山禅师在龙潭的纸烛明灭间突然悟到：原来我们的心一直跟着现象跑，明了就依靠，灭了就恐惧，只有抛弃依赖的外物，包括文字、语言、解释，方可映出自身光亮，照耀万物。

我们通过三心不可得的经文，懂得了修养的道理。一般情况下，我们提到的过去、现在、未来这三世中，放下过去的心是最容易的，未来代表着希望，因此，人的心都基本放在未来上，所谓人活着的意义。感觉自己没有未来了，又把未来的心转移到孩子身上，不断要求，期待，妨碍我们的清净，忽略了现在的意义，忽略了当下的心。修养中，我们第一步，先净化过去心，过去心净化后我们转化未来心，未来还没有来，万事变化无穷，我们心不安的主要

原因在于判断未来发生的事情，那不过都是幻想。

最后放下的是现在的心，现在的意思包括了近期发生的各种现象，放下不是不要，而是不执著，不强求。

所以修养强调：未来没来，过去已去，所谓现在的心最关键在当下，清净和感悟当下的心就是活在当下，随缘自在。

活在当下

我看见不少人想脱离身心痛苦，摆脱无常情绪，最好的方法当然是在生活中修行。可是，有些人，今天看他在修密，明天又念阿弥陀佛，后天又要去打禅七，打坐、瑜伽、辟谷样样参与，好像很热闹，却实在不得安心解脱之门。无论修什么法门，八万四千法门是为了相应的人找到自己契合的法。不是今天修这个，明天修那个，个个都好玩，个个都有道理。

追求自在逍遥境界，不是依靠知识、人脉、关系、情感、经验等一切外在事物，依靠的只有摄心不乱、一心不乱的智慧，在无常的变化人生中相应的智慧，智慧就是菩提心。

古人比现代人容易得到和保持这种智慧，有几个原因：

（1）古人普遍尊敬圣贤，敬天，敬地，敬祖；

（2）古人的教育观念和社会环境与现在不同，从小通过家庭、社会体会人性；

（3）古人很早就明确定义了人生的价值观，儒家提倡修身、齐家、治国、平天下的这种价值观对人生价值有极大的引导意义；

（4）社会、家庭比较简单，即便是大家庭，有权威，绝对信任，

不怀疑，变化速度也比较慢。

古人和自然、天地契合相应，因而幸福感强烈，容易满足，对于学者来说，天，就是圣人，就是师者，毋庸置疑。圣人的经典就是天意，通过学习经典确定人生的意义，得到逍遥自在的生活境界。古印度婆罗门的男子，三十五岁（或说五十岁）前学习和家庭生活，三十五岁后离家进山修行，古人追求精神的修养和快乐，不在意眼前物质，不会以物质的多少来衡量生命存在的意义，他们认为物质只能带给人短暂的满足，而只有精神才能和天地一样广阔。这种以精神为主的高远的境界，大多数现代人体会不到。

现代人精神空虚，所以经常会无聊、寂寞，用各种刺激打发时间，有的人表现在沉迷于打游戏，上网，看电视，聊天，购物，聚会，醉酒，飙车，滥交，还有的人不断追求事业兴旺发达，当官步步高升也是刺激的一种手段，把空白的时间填满，不去思想，不懂修养身心，不懂阴阳平衡，不懂知止而后定，直到身体垮台，倒在医院的病床上，随波逐流，无可奈何……

中国禅早已指出，每个人身早已万缘俱足，万法齐备，何须外求什么灵丹妙药？

可是现代人不相信自己的这种能量，不断追求物质、地位，别人的认可才是快乐，得不到这些认可就好像德山在龙潭灭灯时一样，不知身在何处。我们看不到自己，只有通过外在的物质变化才感觉到自己的存在，心态根据外在的环境、人事的变化而变化，瞬间进入痛苦和无助，自己根本无法引领自己的心。

古人社会制度和身份比较明确，每个人基本知道大致的前途和方向，知道该怎么走。

可现代人一出生就开始被动和主动地选择，从选择出生的医院到幼儿园、小学、中学、大学，再到工作、婚姻，其实绝大部分人自己根本不清楚自己要什么，适合什么，应该追求什么?

选择带来比较、分别、羡慕、嫉妒、排挤、失落等各种情绪和不良心态。

不少人一生做的是自己不喜欢的工作，也有不少人即便找到了自己喜欢的工作，也不一定可以持续。

现代人不断发展，进步，挑战，冒险，变化，不断折腾自己，折腾别人，好了想更好，富了想更富，永无止境，而对于自己的身体、心灵，却几乎没有时间照顾，一年做一次体检，好像就是对得起自己了。

在这种社会环境下，我们根本不了解自己，更不要说了解自己家人、同事，也不知道什么是自己真正的能量，以及对社会的贡献，我们现在一切以眼见为实，一切以别人的认可为标准的心态下是得不到人生真正的幸福感和安心的。

其实一个人的能量、爱好、特长和贡献不一定短时间可以表现，有的人通过几年、几十年才可以发挥出来，而如果急功近利，拔苗助长是事与愿违的。这和价值观有极大的关系，取决于我们到底是否以物质、机会和社会地位来评价人生的意义。

现代人追求现象、机会，信息爆炸，知识爆炸，又没有智慧去把握、甄别、保持，因而无所适从，必然迷惑痛苦，因此，从源头上理解佛法“缘起性空”的道理，知道万物生灭，起始循环往复的规律，知道性空的本质，有了这种智慧，我们就可以从高处观照我们的肉身，才不会被情绪、杂念带着烦恼，才可以在人生中体会到出入不二的快乐自在，才会在清净的本性中油然而出超脱的能量。

维摩 从痴有爱

须菩提的迷惑

想通过圣人的经典或通过圣人的修法来得到智慧，从而人生快乐自在的人，首先需要具备两个条件：一、放下情爱；二、放下法爱。

已经决心通过自修来获取能量的人，大部分会放下情爱。情爱的含义不仅仅包括男女之爱，还包括社会上的人际关系，各种拉扯的关系都是情爱的范围，所谓放下不是指放弃、灭除，而是不执著、不纠结、不强求，不被这些情爱左右而心神不宁，情绪失常，躁动不安。

可是有的人脱开了情爱的束缚，却迷恋上了他修的法，产生了法执、法爱，忽略了万法平等的道理，认为自己修的法是最殊胜、最完美、最了不起的，崇拜自己的修法和给自己传法的老师，进入了和世间情爱一样的执著心。理所当然地要和自己的法、自己的老师同生共死。

我们这一节通过须菩提尊者乞食的故事，来一起感悟一下法爱的利害性和破坏性。

上一节出场过的须菩提尊者是世尊的十大弟子之一，人称“解空第一”。

在印度修行文化历史上，佛陀带领的僧团形成了独特的文化，有和其他修行团体完全不同的生活方法和规则。他提倡的佛法不仅有殊胜的吸引力，他采取的一些外在制度更引起了修行人的兴趣。我们上一节介绍过的乞食也是独特的，乞食的过程是僧众们在不同环境下保持菩提心，以及和社会沟通、回向的重要活动。当时这种独特的乞食文化，让僧众们每天有快乐的话题。

乞食可以是一个人，也可以几个人一起，一般有成就的大修行者，我们叫他们长老或尊者，他们会单独乞食，用自己的方式在乞食中利益众生，教化众生。

须菩提尊者和迦叶尊者是乞食团的两个极具代表性的人物。

迦叶尊者每天喜欢去向穷人区乞食，他认为穷人之所以贫苦是上一世业报所致，所以这一世受苦受累，如果他们布施给我，那将会帮助他们积善积德，下一世定有福报。

将以贫人昔不植福，故致斯报，今不度者，来世亦甚，亦以造福有名利之嫌故，又不观来世，现受乐故，亦以富人慢恣难开化故，亦以贫人觉苦厌心易得故。

迦叶尊者专向穷人乞食，度化贫苦的一片悲悯之心。我们分析有四个含义：

（1）穷人因往昔不种植福田，如来生复贫，贫贫相连，永无出头之日。

（2）迦叶是佛弟子中“头陀第一”的，为其布施者，能令现世获报。

（3）人富则骄，穷则思变，更容易接受道法。

（4）如若向富人乞食，有名利之嫌，所以舍富向贫。

而须菩提尊者却偏偏每天去富人区乞食。他认为富人虽然现在富裕，但如果福报用尽，下一世也会受苦。布施对他们影响不大，所以他带着这样的慈悲心专门去找富人乞食。

须菩提和迦叶都是佛陀的十大弟子，须菩提意译为善业、善吉、善现、善实、善见、空生。

须菩提是古印度舍卫国婆罗门的儿子，从小聪明过人，但顽行恶劣，嗔恨炽盛，为亲友厌患，后离家入山林。山神引他去见佛陀，洗心革面，后得阿罗汉果。系佛陀弟子中最善解空，对义理理解最深刻，被誉为“解空第一”。

这一天，阳光明媚，天空湛蓝，天气出奇地好。清晨佛陀讲法时，提到了几个问题，须菩提都一一作答，佛陀嘉许，早课结束后，大家披上大衣，准备出门乞食。佛陀满眼慈爱地多看了须菩提几眼，须菩提心里特别欢喜。

不知不觉须菩提走到了城里最繁华、最热闹的富裕区，因为今天的心情大好，须菩提忘记了僧众们的一条潜规则——不去维摩诘居士居住的街道乞食，不论长老、尊者、新入门的僧者，谁也不想，也不敢去找维摩诘居士乞食。可是，鬼使神差，今天须菩提拖着饭钵不知不觉来到了维摩诘居士家门口。

维摩诘是一位在家的居士，有妻有子，富甲一方，国王、大臣、长者、商人都会来找他请教，连孩子们也愿意找他，听他讲经典故事，在大家眼中，他是和善的老师，伟大的智者。他不仅有世间的财富，更有出世间的智慧、精神。他出入酒楼、宫殿，甚至赌场，他唱歌跳舞，以一切方式济度众生，在人们心目中，他是另一种方式生活的释迦牟尼。

他是禅门三经之一《维摩诘经》的主人公，《维摩诘经》对整个佛法、佛教、东方文化，尤其是于中国文化关系最大、影响最深、历史最久的经典之一。他所代表的是佛法在世间，不离世间而解脱成佛的精神。

有些人以为中国禅的形成和发展是初祖达摩来中国后才开始的，殊不知在达摩祖师以前，东晋时期，中国四大译经师之首的鸠摩罗什法师所翻译的《维摩诘经》已成为中国禅的根本思想来源。

维摩诘是梵文Vimalakīrti的音译，又译为维摩罗诘、毗摩罗诘，略称维摩或维摩诘。意译为净名、无垢称，意思是洁净的、没有染污的，因此把《维摩诘经》又称为《净名经》或《说无垢称经》。

据《维摩诘经》所讲，维摩诘是古印度毗舍离地方最富裕的富翁，但是，他勤于攻读，虔诚修行，能够处相而不住相，对境而不生境，得圣果成就，被称为大菩萨。这位大菩萨早已成佛，号金粟如来，他辩才无碍，说法无漏，深得佛陀尊重。

《维摩诘经·方便品》中说他：

> 虽为白衣，奉持沙门清净律行；
> 虽处居家，不著三界；
> 示有妻子，常修梵行；
> 现有眷属，常乐远离；
> 虽服宝饰，而以相好严身；
> 虽复饮食，而以禅悦为味。
> 若至博弈戏处，辄以度人；
> 受诸异道，不毁正信；
> 虽明世典，常乐佛法。

经文说，他虽然身为居士，但持戒严谨清净；虽然在家，但不执著于尘俗世事；虽然有家小妻子，但常修清净行；虽然也有六亲眷属，但不为世俗烦恼所牵制；虽然身着华贵服饰，但更以相好庄严见称；虽然也像常人一样饮食吃饭，但更以禅悦为食；虽然也常去赌场戏院，但以劝戒世人为目的；虽然也常涉足外道异端，但从来不会影响其对佛法之纯正信仰；虽然通晓世典外书，但对佛法最是精通和爱好。正因为这样，维摩诘居士深受一切众生的崇敬和爱戴，是一切供养中最为殊胜的。

故此，僧众们都敬畏他，由于乞食行为的主要意义不在于吃什么，而在于度化众生，回向功德，可是无论是度化还是回向，这位辩才无碍、说法无漏的维摩居士好像都不太合适，故而无人去找他乞食。

今天实在是个好日子，要是平时，须菩提肯定转身离开了，但今天，当他乞食到第三家，抬头看见门悬挂四个大字："不二法门"时，他停住了脚。

虽然僧团规定，乞食必须从第一家开始连续七家，不可以多不可以少，但面对须菩提这样的长老，对一成不变的规定自会甄别，随机应变，运用"开遮法"这样的方便之门，中国禅的禅师最多应用，从内在意义讲和儒家"中庸"思想、道家"无为而无不为"思想一致。

今天须菩提心中突然产生了随缘自在的想法，既然来了，我就去找维摩诘居士乞食又能怎样？我是师父释迦牟尼认可的"解空第一"的大弟子，我怕什么？

当他心中还在琢磨的时候，门慢慢开了，当他看见满脸笑容的维摩诘居士左手托着盛满丰盛饭菜的大碗走了出来。须菩提突然感觉心跳加速，他刚才的自信不知道跑到哪里去散步了。

维摩诘微笑地走近说："德高望重的须菩提尊者，您终于来了我们家，您功德无量。"

须菩提听到这句话，感觉十分奇怪，通常是乞食者对布施的人合掌感恩，说布施者您的善心行为功德无量。

佛教出家人和在家人的关系很简单，在家人供养出家人吃饭、穿衣、道场、印经等，出家人回向在家人福报、平安和幸福的来生，因此，在家人会在心中依靠有功夫智慧的出家人，而出家的大智者会是在家人的导师、引领人。

今天的情况和平时不同，须菩提是出家人，维摩诘是在家人，须菩提应该在乞食时给在家的施饭者传法，帮助他们安心。但今

天维摩诘跟须菩提讲话，好像长者对孩子的鼓励和指导一样，须菩提有些不习惯，不舒服，但由于他很尊敬维摩诘大居士，他心中，维摩诘居士和师父一样殊胜，所以他微笑躬身施礼，接受了食物，然后准备离开。

不料，维摩诘还在说话："尊者，您平时如果可以平等对待一切法，就可以吃我给您的饭了。"

须菩提听后不能完全接受这句话，在他心中师父释迦牟尼的佛法、四圣谛、缘起法等等是最殊胜的，尽管平时师父也说，是法平等，但他心中还是瞧不起外道。

维摩诘继续大声说道："尊者，您如果可以在不断生气、愤怒、愚笨、淫色的时候，也能保持菩提心，解脱自在，一切行为如意，不约束，您就可以吃我给您的饭了。"

须菩提感到呼吸停止，心里快要爆炸了，他实在听不下去这样莫名其妙的话了，他平时生活非常清净、忍让、慈悲、有礼、守戒、精进，可他从来没有想过，可以在生气、愤怒的时候也可以保持修行人清净的形象，他没想过，也认为不可能。他看着手里的饭菜发呆，怎么办？我是吃还是不吃这个饭？

谁知，这个时候，维摩诘更加大声地说："尊者，如果你和外道生活在一起，杀父母，杀阿罗汉，破坏僧众，诽谤佛法，怨恨众生，永远也不进入究竟涅槃，如果这样，您就可以吃我给您的饭了……"

须菩提做梦也没有想到会听到这样的话，他再也站不住，魂飞魄散，心中无比恐惧，内心只想："师父！救命！！"

他游魂一样不知道怎样离开的维摩诘居士家，维摩诘居士早知道须菩提会走，连须菩提这样功夫智慧高深、解空第一的长者至尊也克服不了语言带来的惶恐。

这是两千多年前的一个明媚的上午，在城市里那条最繁华的街道上，中间最高大、最富裕的人家的门外，一位德高望重的大修行者，魂不守舍，游魂一样不知道自己何去何从，眼前的一切繁华，修过的一切法，如过眼云烟，他呆呆地怔立着，忘了时间，忘了从哪里来，又要往哪里去?

这时，他耳边传来一个柔和、慈祥的法音:“这一切都是幻像，不要执著……”

一切诸法如幻化相，汝今不应有所惧也。所以者何? 一切言说不离是相，至于智者，不著文字，故无所惧。何以故? 文字性离，无有文字，是则解脱，解脱相者，则诸法也。

一切诸法都是幻化相，非实在，我们正在听的，讲说的内容同样是幻象而已。所以有智慧的人，不会执著于语言文字，因此不必为不同说法而感到恐惧。应该知道，一切语言文字既无自性，是则空性，了悟一切诸法乃至语言文字实乃空无自性，这就获得了解脱。此解脱相，也就是诸法实相。

语言游戏

须菩提心中产生的这种恐惧是从听到的语言中产生的不安。

人心中的一切烦恼、痛苦，大部分是人自己的想象、预期、判断、琢磨，人习惯把自己带进大脑中的某种场景，分析、假设，自己吓唬自己，所以要想保持清净的心，必须不能执著在听到的看到的声音、事物中，特别是有修养者，更需要这种定力。

可连须菩提这样智慧的尊者，也保持不了平静的心态，不自觉进入声音的魔障，更不要说现代人，每天面对海量的信息，真假莫辨，根本无法保持一心不乱。

人类的历史，有多少战争、冲突、矛盾是由于传达了错误的不真实的信息，从而破坏和谐，影响健康，进而覆水难收？

人总是以为自己聪明，又总是容易相信无关的谣言，为什么喜欢轻信谣言呢？由于无聊和不自信。大家都想知道所谓真相又信自己，即便知道这些是不真实的，但因为无聊，没事说着好玩，没有智慧、愚钝，所以喜欢以讹传讹，弄假成真。

信息是语言，不要说假传的信息，即便真实的话，经第三者转述，已经离开了当时说话的时间、地点、场景、述说的语气等等，断章取义,意思大多是变了的。

人为什么对语言那么敏感而无抵御能力呢?

因为我们将情爱作为实体,因为感觉,所以我存在。

自己的意识,对外沟通的一切都以情感为基础,这是“情绪”。

古人称之为虚空中黑暗的云,所以见不到阳光。

我们习惯在沟通中先发动情绪,所以就失去了准确的判断,很难保持“正信”!

广义上的语言包括了一切文字、说话、符号、表情,特别在信息泛滥的时代,我们特别容易收到语言的伤害,大脑被负面情绪和不真实的东西占有,怀疑、焦虑、抑郁、痛苦、猜测,进而自闭、憎恨、幻想、惊恐等各种精神症状都会出来,所以我们要对各种语言有免疫力,不执著,人生才会轻松,才会安心自在。

语言是人生活中不可或缺的工具,因为语言,人比动物有丰富的情感交流、沟通、理解、认知。语言帮助我们确立思想和进步。

但不是所有人都会善用语言,不善用的意思是他们不是用语言帮助伙伴、亲人安心快乐,而是因为语言产生误解、矛盾、攻击,他们利用语言作为武器让对方难受、恐惧、紧张,利用语言误导。让人怀疑,不自信。

本来帮助人获取知识、智慧,增加快乐和沟通的语言变成了情绪变化的毒药,这就是《心经》说的“颠倒梦想”,所以强调“**心无挂碍,无挂碍故,无有恐怖,远离颠倒梦想,究竟涅槃**”。

从痴有爱

我们知道痴会产生爱，但这个爱不是人心中慈悲产生的大爱，而是因为想占有对方而产生的痴爱。

两种爱怎么区分呢？

好的时候不容易分出来，而在产生分歧的时候，分别在于是会包容还是憎恨？

爱不用修，因为爱是人一出生就带来的感情，先天具备的本性，就像呼吸、心跳一样自然。人的本性谈不上修。

那为什么有的人的爱是慈悲，而有的人的爱是想占有？

因为痴！

痴心出来的是占有的欲望，而慧心出来就是慈悲的欢喜。

所以不是爱的问题，也不是修的问题，是心的问题。

禅师们常比喻，同样的水，蛇喝了变毒液，母牛喝了成牛奶。

爱就是水。

因为痴心所以想占有，因为得不到、不满足，所以人有情绪。人的迷惑、痛苦都是因为我们对人、情、物、权、法等的永不满足的占有欲望。

佛法说人的痛苦有三个根源：贪、嗔、痴。

这三种使人痛苦的根源叫：三毒。

佛法中开出对应的三剂解药是：戒、定、慧。

戒——戒律：可以化解贪心

定——禅定：可以净化嗔心

慧——智慧：可以转化痴心

用智慧的心转化了最根本的毒——痴心，自然不会产生占有的念头、欲望，这种痴迷的爱，又叫贪爱，对人、对物、对权……一旦想："这是我的"，那为了这种占有，就会去牺牲，去想尽一切办法得到，得到了又想怎样可以得更多，以及不要失去……突然有一天，发现自己的东西背叛了、改变了，爱瞬间转成恨，产生嗔心。

因此贪心和嗔心是手的阴阳两面。

人在社会上产生的一切痛苦的根源，就在贪心和嗔心的不断变化中，得到了舒服，得不到难受，而这贪、嗔二心的源头就在痴中。

维摩诘言：从痴有爱，则我病生。以一切众生病，是故我病。若一切众生得不病者，则我病灭。所以者何？菩萨为众生故，入生死，有生死，则有病；若众生得离病者，则菩萨无复病。譬如长者，唯有一子，其子得病，父母亦病。若子病愈，父母亦愈。菩萨如是，于诸众生，爱之若子。众生病，则菩萨病。众生病愈，菩萨亦愈。又言是疾，何所因起？菩萨疾者，以大悲起。

~《维摩诘经》问疾品~

维摩诘居士的这段话是对来探望他疾病的文殊菩萨说的，佛陀知道了维摩居士有病，故请文殊菩萨前来探病。

文殊菩萨来探望时礼貌性地询问，居士您怎么啦？病得这么严重？病因是什么？怎样才可以好起来？

维摩居士在床上坐起来，对文殊菩萨说："有病才能见到您啊，病了也是值得的。其实不是我有病，是世人有病，从痴有爱，他们生了重病，所以我也跟着生病了。"

文殊菩萨呆呆地看着维摩居士。

他在床上接着说："因为一切众生有病，所以我有病，如果一切众生无病，那我自然无病啦。"

文殊菩萨再问："那怎么办呢？"

维摩居士说："菩萨都是为了众生而存在，为了众生进入生死轮回，有了生死，自然会生病，众生的心如果可以得到智慧、解脱，那菩萨自然无病。比如一个人家里的孩子生病了，父母自然担心、焦虑，也会跟着生病。孩子病愈了，父母也会跟着好的。因为菩萨有这种拔苦的大悲心。”

大乘佛教推崇的菩萨都是指一种精神修养的程度或者普度众生的实践品德的象征。即文殊是智慧，普贤是万行，观音是慈悲，地藏是愿力等等。大乘佛教设置的八万四千解脱方便法之各种方便都是为了众生。

正如方立天先生在《中国佛教与传统文化》一书中指出："隋唐以后，佛教徒通过种种附会，宣扬一些著名的菩萨东来定居，自立道场。汉译佛典中著名的菩萨有弥勒、文殊、普贤、观世音、大势至、地藏等。弥勒后来升级为佛了，大势至也未能独立成军而默默无闻。观世音、文殊、普贤成了中国化的菩萨，并称为'三大士'。三大士和地藏菩萨又合称四大士菩萨。文殊菩萨和普贤菩萨分别以大智和大行为尊号，而观音菩萨也有大悲、地藏菩萨又有大愿的美名。文殊菩萨和普贤菩萨常以释迦牟尼佛的左右胁侍身份出现，而观音菩萨和地藏菩萨却各有自己独居的殿堂，从这也可以看出中国僧人对这两个菩萨是何等的亲切和崇拜。"他们建立的佛土，都是众生心目中的未来国土。

《维摩诘经·佛国品》中强调宣扬"众生"即是菩萨净土，没有众生就没有菩萨，也没有清净佛国。

迦叶 拈花微笑

灵山法会

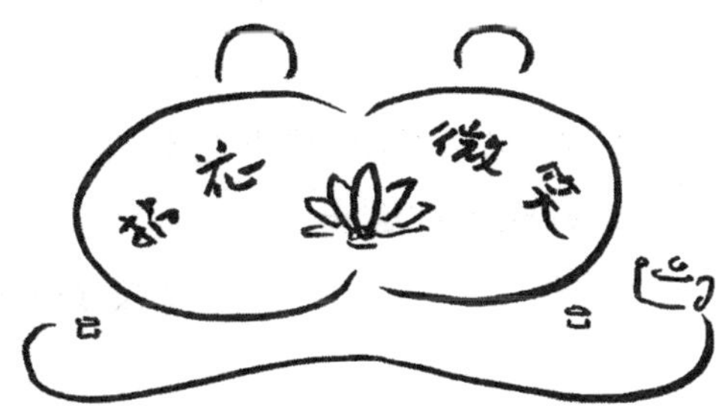

灵鹫山，层峦叠嶂，郁郁葱葱。

佛陀乐居灵山，与大比丘众万二千人共住，宣说佛法妙义。

佛说《大般若波罗蜜多经》《妙法莲华经》《无量义经》《佛说法华三昧经》等经典皆在此处，法筵常在，万众称颂。

这一日，佛与往常一般开法会宣讲佛法妙义。

天空七彩祥云环绕，灵气袅袅，一众天女翩然而至，散万千缤纷鲜花，沾衣不落，异香扑鼻，又有仙乐萦绕，虽远尤近……

万千大比丘，五百天人，静候世尊。

有大梵天王上前请世尊登台说法。大梵天王率众将一朵金婆罗花敬献世尊，礼后退至一旁。

世尊长身高台而立，双目似开似闭，袈裟迎风飘扬，举止意态安详。

世尊拈金婆罗花示众，无说言语，皆止默然。唯迦叶尊者，今即廓然，破颜微笑。

世尊开目，与迦叶尊者目光交接，心心相印，以心传心。

世尊曰：

> 吾有正法眼藏，涅槃妙心，实相无相，微妙法门，不立文字，教外别传，付嘱摩诃迦叶。
>
> ~《五灯会元》卷一~

又，在《大梵天王问佛决疑经》记载：

> 尊者舍利弗……观世音菩萨、阿逸陀菩萨、行愿普贤菩萨、文殊师利菩萨，而为上首……
>
> 尔时世尊告诸大众，我不久当般涅槃，诸大众意有欲问法，自恣为问……
>
> 尔时娑婆世界主大梵王以妙法莲金光明大婆罗花，捧之上佛，退以作礼，而白佛言："释尊今佛，已成正觉五十年来种种说法、种种教示，化度一切机类众生，若有未

说最上大法，为我及末世行人，欲行佛道凡夫众生，布演宣说。”……

尔时如来受此莲花，无说言语，但拈莲花入大会中。

八万四千人天时大众，皆止默然。

于时长老摩诃迦叶见佛拈花示众佛事，今即廓然，破颜微笑。

佛即告言是也：“我有正法眼藏涅槃妙心，实相无相微妙法门，不立文字，教外别传，总持任持，凡夫成佛，第一义谛，今付嘱摩诃迦叶。”

言已默然。

以心传心

中国禅认为禅法的根源在灵山法会，佛陀拈花，迦叶微笑，佛陀将此无上妙法，以心传心赋予迦叶尊者，摩诃迦叶是禅的初祖，这个微妙法门的禅在印度一直传到第二十八祖菩提达摩，达摩来东土后将其法、钵传给了二祖慧可，慧可又传僧璨，僧璨传道信，道信传弘忍，弘忍最后传惠能。

故此，拈花微笑是禅第一公案。佛陀拈起了花，也非花也非佛，只是虚空中绽开的笑颜；迦叶以微笑回应，哪里又是迦叶？一刹那，心心叠印，性性相通。

如此妙不可言的禅境，不可言传的禅意，心心相应的默契，实相无相，关照万物。

禅境纯净无染，淡然豁达，无欲无贪，无拘无束，无证无求，坦然自得，不着形迹，不落两边，与天地共存。

佛陀手中的花，在世人的眼里，无非是颜色、香味、名称、大小再加以美或丑的评价。在诗人笔下，则再添些许风韵，像“疏影横斜水清浅，暗香浮动月黄昏”，而在觉悟到了无上智慧的佛陀手中，它既是花又不是花。“一花一世界，一叶一如来”，它蕴藏了万物缘起性空，似花非花的奥秘。世上没有两朵相同的花，一切不过是无限虚空中瞬间的生灭起落，万物因缘和合而起，本性虚空。哪有恒常不变？哪有天长地久？

世尊拈花示众，迦叶微笑意会，以心传心，本不立文字，奈何世人不解其意，笔者惶恐，试析意如下：

(1)世尊用拈花微笑法门充分显示出了平等不二的内涵。

有禅修者执著自己正在修的法的能量，只在意自己的解脱自在，如何进入涅槃，不关心其他人，更误解了惠能禅师自修自悟的道理。

大部分情况下，人和人之间的沟通都是通过语言来表达，从客观的文字定义来理解，而这些都是在知识的层面沟通、理解和传递。

拈花微笑的内涵，深切地告诉修者禅修的成果、能量不仅局限在自己身上，同样直接影响到正在修这个法的其他同修，修行的人，即便能量不在一个层面上，但很容易被唤醒内在的佛性、身心灵的灵性的能量，也就是我们常说的本性。

拈花微笑,以心传心法就是修者可以传递正能量唤醒同修者灵性的觉悟,帮助他们和自己清净的本性契合。这种心性的传递是语言交流做不到的,禅法强调悟道不可说,不可量。超越文字、外在形象。好像茫茫人海中,蓦然回首那人却在灯火阑珊处一般。

(2)世尊涅槃前将自己平素所用的金缕袈裟和钵盂授交给迦叶尊者收存,并嘱由他转交给弥勒佛,而且还将一只足从水晶棺中伸出来给他看。尊者顿解其意,得佛真传。

世尊为什么把正法和衣钵交付于迦叶尊者? 迦叶是世尊十大弟子中年龄最老的弟子,他比世尊还大二十多岁,世尊八十岁涅槃时迦叶已经一百岁了。世尊为什么交班给一个老者? 再说,诸大弟子中,还有世尊自己的儿子、弟弟等亲人。为什么不把正法、衣钵交他们或更年轻的人呢?

迦叶尊者皈依佛陀前世世富有,富可敌国。他散尽家资,布施给穷苦人,一心跟随佛陀修行,着粪扫衣,几十年如一日。年过百岁,精进不懈。

世尊传正法、衣钵于迦叶,是"依法不依人",迦叶得法后,弘扬精妙禅法。

从小乘佛教建立到大乘佛教这段时间,古印度流行的禅法是观法,我们普遍称之为"南传佛教禅法",特点是有次第,有阶段,最终成就阿罗汉果,进入涅槃。所以"观法"又称为"四禅法",后来又称"四禅八定"。

"惠能禅"强调的是"顿悟禅法",没有次第、阶段,无法用语言文字来描述顿悟境界、成果和心法,讲究"明心见性,见性成佛",以心传心,心心相印,法无定法,千变万化,形无定形,随缘而形。

因为法无定法，以心传心，世间与出世间不二，故禅法形无定形，随缘而形。没有固定的形象、仪式、规范、戒律来判断这是禅或不是禅。

禅法只能用心灵感悟。事无顺逆，随缘即应。

(3)这是对宗教的一大变革，佛法的根本在觉悟，成佛的路上没有仪式、形象、外在条件，关键在于当下的心，在于保持清净的菩提心。

禅强调禅修者是心出家者，不一定需要具备外在的形象。这种思想的来源可以在《维摩诘经》弟子品第三中体会，维摩诘居士明确说发菩提心就是出家。

> 佛告罗睺罗："汝行诣维摩诘问疾。"
>
> 罗睺罗白佛言："世尊！我不堪任诣彼问疾。
>
> "所以者何？
>
> "忆念昔时，毗耶离诸长者子来诣我所，稽首作礼，问我言：'唯，罗睺罗！汝佛之子，舍转轮王位，出家为道。其出家者，有何等利？'
>
> "我即如法为说出家功德之利。
>
> "时，维摩诘来谓我言：'唯，罗睺罗！不应说出家功德之利，所以者何？无利无功德，是为出家；有为法者，可说有利有功德。夫出家者，为无为法，无为法中，无利无功德。罗睺罗！出家者，无彼无此，亦无中间；离六十二见，处于涅槃；智者所受，圣所行处；降伏众魔，度五

道，净五眼，得五力，立五根；不恼于彼，离众杂恶；摧诸外道，超越假名；出淤泥，无系著；无我所，无所受；无扰乱，内怀喜；护彼意，随禅定，离众过。若能如是，是真出家。'

"于是维摩诘语诸长者子：'汝等于正法中，宜共出家，所以者何？佛世难值！'

"诸长者子言：'居士！我闻佛言，父母不听，不得出家。'

"维摩诘言：'然，汝等便发阿耨多罗三藐三菩提心，是即出家，是即具足。'

"尔时，三十二长者子，皆发阿耨多罗三藐三菩提心。

"故我不任诣彼问疾。"

禅师们说生活中处处有禅，不分在家出家，时刻会保持菩提心，这种心态就是禅心。

慧开禅师有偈："春有百花秋有月，夏有凉风冬有雪。若无闲事挂心头，便是人间好时节。"

行亦禅，坐亦禅，无穷般若心自在，语默动静体安然。

傅大士

中国维摩禅的鼻祖可以说是南北朝时期的著名居士:傅大士。

傅大士,公元497年出生于浙江东阳郡义乌县双林乡。

傅大士年轻的时候爱捕鱼,但和别人不同的是,他捕到鱼后,把装鱼的竹笼沉到水下,使这些鱼有自由离去的机会。他想鱼儿能游出的都游出去,留着不去的才算是因果所致。故世人笑他愚。

公元520年,傅大士24岁。初遇达摩。

《傅大士传录》卷一记载:

(傅大士)年二十四,泝水取鱼。

于稽亭塘下,遇一胡僧,号嵩头陀。

语大士曰:"我昔与汝于毗婆尸佛前发愿度众生,汝今兜率宫中,受用悉在,何时当还?"

大士瞪目而已。

头陀曰:"汝试临水观影。"

大士从之,乃见圆光宝盖,便悟前因。乃曰:"炉鞴之所多钝铁,良医门下足病人。当度众生为急,何暇思天宫之乐乎!”

意思是说,傅大士在二十四岁时,有一天,正在河里抓鱼,那时候,有一位胡僧嵩头陀来和傅大士说:“我与你过去在毗婆尸佛(在释迦牟尼佛前六佛之首)前面同有誓愿。现在兜率天宫中,还存有你我的衣钵,你到哪一天才回头啊?”大士听后,瞪眼茫然,不知所对。因此嵩头陀便教他临水观影,他看见自己的头上有光宝盖等的祥瑞现象,因此而顿悟前缘。他笑着对嵩头陀说:“炉鞴之所多钝铁,良医之门多病人,救度众生,才是急事,何必只想天堂佛国之乐呢!”

达摩走后,傅大士偕同妻子在松山,过着农禅的生活。日出而作,日落修禅,救度众生,大慈大悲。勤修十年,他在松山建立“双林禅寺”,许多在家和出家人都来顶礼膜拜,产生了巨大影响,大家都认为他是十地菩萨。一时学徒济济,人才辈出。但松山地处偏僻,法不广被。

傅大士不但在禅寺弘扬佛法,还带领大家开垦土地,种植蔬果。有小偷来光顾大士的菽麦瓜果等物,大士见了说:“你不必盗取,把你篮笼拿来,让我给你采装。”于是小偷满载而归。

不久,更多的僧尼道俗四众都来双林禅寺皈依礼拜。傅大士为度化众生,大开方便法门,他首创了转轮法门,还让信众们放生,念佛,根据不同的根器因材施教。

傅大士名满天下,世间传言他为弥勒佛的化身,神通广大,法力无边。这些话传至郡守王杰耳中,于是怀疑大士心怀不轨,妖言惑众,便捉来打入监狱。

宝志公和尚，是梁武帝的国师。志公和尚的身世离奇，相传一位朱姓妇人听见鹰巢中婴儿啼哭声，从树上把他抱下，抚养长大，说他的长相“面方而莹彻如镜，手足皆鸟爪”。

梁武帝曾诏请以丹青驰誉于南朝的张僧繇为志公和尚画像，志公一时兴起，现出十二面观音像，妙相殊丽，或慈或悲，素有第一佛像画家之称的僧繇见了，瞠目结舌，无法成笔。

志公和尚听闻傅大士入狱，之前因为有傅大士弟子来京，觐见和尚，呈上一些傅大士的著作，和尚心仪傅大士已久，知道大士是利益众生的大菩萨，心中想解救他。

一日，武帝请国师登台讲《金刚经》，和尚说：“皇上如想听真正的金刚般若智慧，有一位大善知识的能量比我强多倍。”

武帝一听，忙欢喜下诏请傅大士来朝。

其实此时，郡守王杰早已将傅大士放出监狱，傅大士入狱近一月，无人安排给他吃饭，但大士安然无恙，谈笑如常，郡守无奈，只好放他回去。

入朝讲经当日，宫内法堂内皇族、大臣济济一堂，梁武帝携志公和尚坐在法床下边，静候傅大士登台讲法。不一会，傅大士顶冠披衲靸履入场，武帝大惑不解，悄声问师父志公：“是僧吗？”志公以手指冠。再问：“是道吗？”志公以手指靸履。又问：“是俗？”志公以手指衲衣。由于志公和尚的推崇，众人见了如此奇怪打扮的傅大士，皆不敢轻视，崇敬有加。

傅大士手持拐杖，上法床结趺跏入定。众皆默然无语，闭目入定。

古时讲法的程序，法师上法床后先入定，稍事调整后开口高声唱诵一偈，表示讲法开始，听者缓缓睁眼，开始听讲。

可是没听到偈颂的声音，反而是一声打雷一样的“砰”的一声巨响，大家惊得睁眼一开，傅大士用大力一拍法床的床案后，将拐杖大力绕空中一挥，便下坐走了。

《碧岩录》卷七第六十七则《傅大士讲经竟》记载：

梁武帝请傅大士讲《金刚经》。

大士便于座上挥案一下，便下座。

武帝愕然。

志公云：“大士讲经竟。”

武帝目瞪口呆看着傅大士背影，志公和尚谓武帝曰：“大士讲完经了。”

武帝摇头不懂，再请讲，大士索拍板升座，唱四十九颂便去。

傅大士应诏讲《金刚经》，一字不说，只拍了一下桌子，摇了一下拐杖，默然无言讲经其实就是表述金刚般若空慧是无法用语言表达的。这是释迦牟尼“拈花”无言的禅法，可惜武帝哪里有迦叶“微笑”的智慧？

要不是志公和尚的推崇，傅大士也可能遭遇达摩北渡的命运，所以雪窦重显禅师颂这则公案说：“当时不得志公老，也是栖栖去国人。”

宋大学士苏东坡赞傅大士：“善慧执板，南泉作舞。借我门槌，为君打鼓。”讲的就是这码事。

从此，“京洛名僧，学徒云聚，莫不提函负帙，问慧咨禅”。

大士本人则“居明高松，卧依盘石，于四彻之中，恒泫（流）甘

露；六旬之内常雨天华”。大家都认为他是菩萨化身。

傅大士倡导三教合一，当代维摩大居士南怀瑾先生在《禅话》中说：“傅大士不现出家相，特立独行维摩大士的路线，弘扬释迦如来的教化。而且‘现身说法’，以道冠、僧服、儒履的表相，表示中国禅的法相，是以‘儒行为基，道学为首，佛法为中心’的真正精神，配上他一生的行径，等于是以身设教，亲自写出一篇三教合一的绝妙好文。”

南怀瑾先生曾在《禅话》一书中高度赞扬傅大士为：中国维摩禅祖师。

印顺法师在《中国禅宗史》中说：傅大士是江东禅宗一支佛窟学的宗祖。

傅大士的著作颇丰，其中《心王铭》更是佛学名著。

中国禅，起自齐梁之间志公和傅大士的影响，所以南怀瑾先生还说：

> 如傅大士者，实亦旷代一人。齐梁之间禅宗的兴起，受其影响最大。而形成唐宋禅宗的作略，除了达摩为主体之外，便是志公的大乘禅，傅大士的维摩禅。也可以说，中国禅宗原始的宗风，实由达摩、志公、傅大士三大士的总括而成。
>
> 唯有志公、傅大士等中国禅，可称为中国大乘禅作略，才有透脱佛教的形式，滤过佛学的名相，潇洒诙谐，信手拈来都成妙话，开启唐宋以后中国禅的禅趣——“机

锋""转语"。尤其以傅大士的作略,影响更大。

佛法是"出世法",了生死,超凡圣。傅大士提出的所谓三教合一,是指要有佛家的禅心,用道家的智术和儒家的论理,才不会走入偏激的途径。傅大士时代形成的这种思想,千百年来一直影响着中国社会和人们的意识形态。他说:

> 僧者,复有三义:一者,意业无所作;二者,口业无所作;三者,身业无所作。名之为僧,亦名法师。

而傅大士说的"僧"却不是我们普遍理解的与在家居士相对的出家僧众,而是指身口意三业皆无作的清净者。也就是说,只要是身口意三业无所作那就是僧,至于是否剃度,那不是关键,外在的形象不是评定僧否的标准。所以我们可以看出,傅大士说的清净是无所作、无分别的实践精神。

傅大士又解释说,僧也称法师。真正的法师应做三事,即修无相行、领悟不二法门、教化众生,终归于佛乘。他说:

> 法师者,复有三义:一者,履践如如体一无相;二,能弘宣正典,晓真不二;三,能善巧方便,化彼群生。同归一源,名为法师。

从法师三义我们可以看出,法师首先要明白一切无差别,在本质上都是空,即诸法实相,并在现实生活中把这种精神付诸实

践；第二，弘扬正法，通晓不二之真谛。从“晓真不二”可见，傅大士认为不二思想是佛法的最高，是佛法的根本所在；第三，行菩萨行，救度众生。傅大士接着又讲佛或菩萨常劝出家，是为了众生领悟不二法门的真理。他说：

> 乃方悟道，理会无上，即真不二。是以，诸佛菩萨，大悲怜悯，开方便法门，常劝出家。

傅大士的“出家”是指修行，发菩提心，行菩萨行，自利利他，证得成佛的意思，而不是一般意义上的出家。傅大士把出家分为形出家和心出家。他说：

> 出家之法有二：一、形出家；二、心出家。形出家者，所谓剃除须发，同于法身；心出家者，出一切攀缘诸有结家。若就即世而论，形出家胜。何以故？不为公私所引，独脱无累，萧然自在；若就理而论，则无有二。

“形出家”是指，“剃除须发，同于法身”。“同于法身”有两种意思：一是身在空门之人，一般的寺院僧侣；第二种意思是从形象来看，已经跟佛陀成就一切功德法后所得之身一样了。而“心出家”是指“出一切攀缘诸有结家”。即是说，环境和外在并无变化，虽然依然如往昔一样地接触外在，但心中所谓的诸多烦恼与心结已放下，外在的一切不会牵累于心，不会影响到心，心达到了逍遥自在。从专一修法来看，形出家比心出家优胜，因为形出家后，没有了家庭和一般社会事物的挂碍，可以一心不乱地修行弘法。但是从本质来看，心出家则更需要大智慧，更适合中国国情，方便佛法济度众生。因此傅大士提倡形出家与心出家“则无有二”，无有差别。

傅大士对大乘佛法的理解总结说：

> 大乘者，息一切攀缘有为诸结，修行四等六度，广济群生，怨亲平等，回向三菩提不证三菩提，修行一切法而离诸法相。是故，非世间非不世间，非涅槃非不涅槃，不缚不脱，永为三界父母，广济群生，尽未来际，是名大乘。

公元569年傅大士跏趺而逝，时年七十三岁。

傅大士一生弘法所度道俗不计其数，开创了出家僧人皈依居士的先河，被认为维摩禅的祖师。

宋朝王安石在他的厅堂里挂了一幅傅大士的画像，上面有佛印禅师题的一首赞诗：

道冠儒履释袈裟，和会三家作一家。
忘却兜率天上路，双林痴坐待龙华。

龙树 出入不二

大乘

禅修者，尤其是中国禅修者，对大乘佛教的概念很敏感，一看到大乘，啊！这是真正的佛法，是正道！相对来说，小乘佛教，不是真正的禅法，可能我们不需要这个禅，或者小乘佛教是初步阶段，不是正统的终极的禅法。

是这样吗？

许多人都认为大乘禅法高深、伟大，小乘禅法局限、微小。现代社会，信息、知识爆炸，想要通过修禅来获得出世间的能量、精神，获得快乐安心的话，必须先对什么是佛法和禅法有一定深度的正解，确定自己和什么修法相应，找到指路的明师后信愿行，精进忍辱，信心不二，才有进步。否则就好像没有根的小树一样，随风飘忽不定，今天好像这个修法很有效，明天又看到那本书讲的有理，后天不知道听说哪个大师有神通……

日复一日，浅尝辄止，学无所成。

现在让我们一起来参究一下，佛教的演变史，大、小乘佛教的区别和什么是佛教的中观思想。

佛教的演变

印度佛教历史演变：

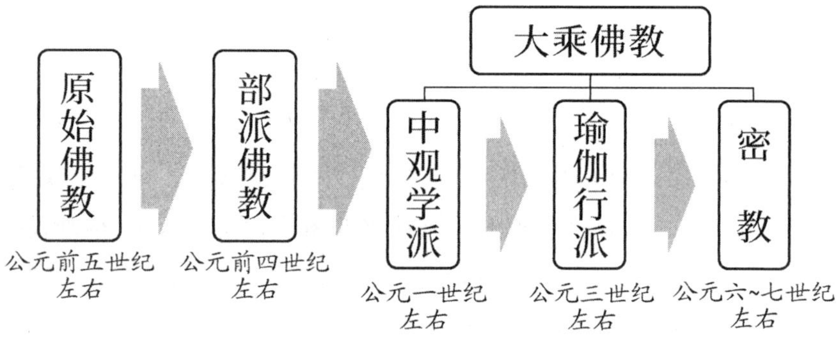

佛教自创立后，在印度几经演变。

后由佛陀在菩提树下悟道开始进入原始佛教时期（又称为根本佛教期）。

这是指由佛陀本人悟道后亲自传法的45年（也有学术界认为是49年，但多数说法为45年）及其面授佛法的弟子们弘扬佛法时期。例如舍利弗、大迦叶、须菩提尊者等是释迦牟尼佛的第一代大弟子。当时的法并没有文字记录，依口耳相传。《维摩诘经》第一佛国品中，长者子宝积有偈颂赞扬佛陀：

佛以一音演说法，众生随类各得解。
皆谓世尊同其语，斯则神力不共法，
佛以一音演说法，众生各各随所解。
普得受行获其利，斯则神力不共法，
佛以一音演说法，或有恐畏或欢喜。
或生厌离或断疑，斯则神力不共法，
稽首十力大精进，稽首已得无所畏。
稽首住于不共法，稽首一切大导师，
稽首能断众结缚，稽首已到于彼岸。
稽首能度诸世间，稽首永离生死道，
悉知众生来去相，善与诸法得解脱。

部派佛教

佛陀涅槃后，一众弟子奉行四谛、八正道等基本教义，他们都没有亲见过佛陀，弟子们根据自己不同的理解对佛法便产生不同的解释。佛教分裂为上座部、大众部两大派系，称部派佛教时期。

那时候各个派系判断自己的行为、思想是不是符合佛法，是以“三法印”为依据的，符合“三法印”的“诸行无常，诸法无我，涅槃寂静”就是正法，所谓法印就是三种证明、认定的意思，就像现代社会的法典一样。

二派不同见解的僧人开始争论“三法印”的含义。

争论先从“诸行无常”开始。

矛盾首先出现在僧众对持戒行为的不同观点。

佛陀在世时主要在北印度说法，涅槃后，佛教在北方有稳定根基，有些具有开拓精神的弟子不愿保守地留守北方，就去南方传法。南印度炎热，雨多，河多，经常坐船，僧团规定出家人不准带钱，如有船夫也是信佛的人，可免除船费，但佛教在南印度还没有根基，大部分船夫不信佛，要出钱才能过河，没有钱就过不去。怎么办呢?

另一个问题，南方闷热，出汗多，需要吃些盐来补充体力。

因此，去南方弘法的僧人们提出：允许出门带一点盐并且可以带坐船的船费。

当时佛教中心在北方，南方僧人提出的要求需要僧团中有权力的长老批准，但长老们没有批准，因为佛陀定的“出家僧人不准带钱”的戒律是永恒不可改的真理，带食物的戒律也是一样，佛陀制定的一切戒律无论何时何地都要遵守。

我们现在看来这两件微不足道的小事，居然成为了佛教分裂的缘起。

佛陀说的戒律到底应该怎么遵守呢？

去南方开拓传法的僧人们认为佛陀强调的精神是根本悟道，不局限外在形象。“诸行无常”就是一切修行者的行为，规范没有固定的形式，是可以变化的。

佛教内部开始分化，一部分人支持改革，一部分人支持长老。

那些绝对遵守戒律、保守的长老们和他们的支持者称上座部。

那些去南方传法及支持改革的叫**大众部**。

“**上座部**”以“**说一切有部**”为代表，和“**大众部**”在佛法教义上的理解主要不同点为：

(1)对法的理解

上座部主张法体是永恒存在的，过去、现在和将来三世也都是实有的，即所谓“法体恒有”“三世实有”。而大众部认为“过去未来，非实有体”，即一切现象、物体和念头都依因缘生灭，过去的已经灭了，没有实体，未来的没有生起，也没有实体，仅仅现在一刹那中才有法体和作用。

(2)对佛陀的认识

大众部认为佛陀是化身而非实身,佛陀的实身是积累极长期的修行而成,他有着无际的寿命和威力,所说一切言语为随机说法,并以一音说一切法;而上座部不承认释迦牟尼是化身,认为佛说言语并非都是经教,也并不是一音说一切法。

(3)对声闻和菩萨的看法

大众部强调菩萨广度众生的慈悲愿力,轻声闻而贵菩萨;而上座部虽承认声闻、缘觉、菩萨能修行根性和所修行道路有差别,但认为佛与声闻、缘觉所得解脱没有差异。

(4)对戒律的执行

大众部是从“诸行无常”道理找出自己改革变化的理论根据。按当时的情况应该允许改变戒律和行为。上座部这些保守派北方的长老们无论什么情况也不肯改变戒律,不符合佛陀“诸行无常”的精神,没有众生平等对待的菩萨大悲精神。

大乘兴起

公历纪元前后，逐渐形成了大乘佛教最初的教团——菩萨众。

他们中间一部分人根据《大般若经》《维摩诘经》《妙法莲华经》等阐述大乘思想的经典进行修持，形成了中观派（空宗）和瑜伽行派（有宗）两大大乘佛教体系，而将早期以"上座部"僧众为主的佛教称为小乘。

佛陀涅槃后约500年，龙树菩萨创始大乘佛教。阐发"空""中道""二谛"的思想，形成"中观学派"，对佛教发展起到了决定性的作用，我们稍后会有进一步论述。同时，小乘佛教中的说一切有部、经量部等，仍继续发展。

佛陀涅槃后约800年，瑜伽行派兴起。此派创始人是无著和世亲。无著原是说一切有部僧人，因对说一切有部教理感到不满足，而阐发大乘教义。其弟世亲，原是说一切有部学者，后跟随无著改大乘，称"千部论师"。无著世亲弘扬"三界唯心，万法唯识"的唯识论。

公元7世纪以后，印度开始流行密教，到8世纪以后，与印度教越来越接近。波罗王朝在那烂陀寺以外另建超戒寺，作为研习宣传密教的中心。9世纪后,密教更盛,相继形成金刚乘、俱生乘和时轮乘。公元11世纪,伊斯兰教逐渐进入东印度各地,到13世纪初,超戒寺等许多重要寺院被毁,僧徒四散。

龙树菩萨

我们来拜会一下大乘思想的奠基者——龙树菩萨吧。

龙树菩萨（梵文：Nāgārjuna bodhisattva），在佛教史上被称为“第二释迦”，他首先开创空性的中观学说，为大乘佛教思想之奠基者。

在佛陀住世期间，一位被誉为“举世见而生喜之离车子童子”也诞生于世，佛陀曾极力称叹这位童子，并预言道：在我涅槃后四百年，他将转世为圣者龙树继承和弘扬佛法。

《文殊根本续》世尊云：于吾灭度后，四百年之时，比丘龙出世，于教信且利，证得欢喜地，住世六百年。彼圣者修成。

龙树菩萨出生在印度南方的碑达巴。父亲是大婆罗门，一天，他在梦中得启示：如作宴请百位婆罗门斋食，将得一子。他欣喜若狂，赶紧照办，不久，儿子果然出生了。小龙树自幼天资聪慧，听人诵读，即可过耳不忘。十八岁后，他性情高傲，恃才傲物，尽管年轻，但天文地理、经文数学、外道神通，无一不精。

一日，他和三位同修修成了隐身术，大喜，四人仗着法术，每天夜晚，出入皇宫，嬉戏宫女，恣情取乐。不久，一些宫女皇妃怀孕了。王暴怒，严加拷问。妃子们泣说："非是我们缘故，梦中有妖上床。"

王即召法师商议，师曰："凡可做此等事者，无非鬼怪、术士。我今晚派门下修士，暗守宫门，铺沙为路，便知。如是鬼怪，符咒驱之，若是术士，沙上便印足迹，可射箭除之"。

是夜，法师亲率几人，藏身门后，不久，见沙上印出脚印，知是术士。当即命卫士闭宫门，望空乱箭齐发。三个同修当场毙命，唯有龙树凝神屏息躲在卫士身后，方才逃脱性命。

受此打击后，龙树回去即大病不起，痛定思痛，想到什么神通、法术，得之无益。又想起看到的经书上释迦牟尼曾说："贪欲是众苦与祸患的根本，一切败德丧命之事，皆由此引起。"于是决心皈依佛门修正法。

他病愈后在家附近找了座山，拜了师父出家受戒，闭关遍读当地所存佛经，求知若渴，但百日后已无其他经文可读。他只好辞师下山，后又访寻得到了《摩诃衍》。"摩诃衍者，是十方三世诸佛甚深法藏，为大功德利根者说又如般若经中，佛自说摩诃衍义无量无边，以是因缘故名为大"。他用心研究。三个月后，他统统理解背熟了，仍不满足，于是周游列国，搜集各种经论。一路上，他四处辩经，谁都辩不过他。辩经的过程让他对佛经进一步深刻理解，逐渐认识到现在的佛经较诸外道，其义理虽然高明深奥，但亦不穷尽，他遂萌生出了进一步完善的思想。

八不中道

不生亦不灭，不常亦不断，不一亦不异，不来亦不出。

~龙树撰《中论》首句~

龙树菩萨的“八不中道”思想就是对佛陀缘起法深刻而正确的体悟。

在《中论·观四谛品》中有偈颂：

因缘所生法，我说即是空，亦为是假名，亦是中道义。

这是对中观理论最精要的概括。

“因缘所生法”就是指缘起，世间万法、万物皆由因缘和合而成，故法无自性，即空。

“我说即是空”，这个空是存在于认识中的，是以言说表现出来的，所以是“我说”。

龙树菩萨认为，仅仅这样认识空是不够的，还应明白诸法是一种假名，**“亦为是假名”**。如果只说空，就否定了世界上的一切，那么世上何以有千差万别的事相呢？所以法虽然是空，但还有假名。

“假名”是概念的表示，离不开语言、文字。因此，对缘起法，不仅要看到万物无自性，而且还要看到假设（假有）。这二者是互相联系，因其无自性才是假设，因为假设才是空，用这种方法看待缘起法就是“中道”——即不着有（实有），也不着空（虚无的空）。这就是龙树菩萨给中观所下的定义。中观思想是直接由“缘起性空”思想发展起来的。

对于“空”、“假名”这些问题，龙树菩萨在《中论·观四谛品》中进一步解释说：

> 众缘具足，和合而物生，是物属众因缘，故无自性。
>
> 无自性故空。空亦复空，但为引导众生故，以假名说。离有、无二边，故名为中道。是法无性故，不得言有；亦无 空故，不得言无。

意思是，因缘所生的事物，没有实在的本质，即“自性”是“空”。然而为了引导众生，姑且设立一个“假名”。如此可以不著“有”“无”二边，就称为“中道”。

龙树把这“中道”进一步发挥为“八不中道”说。“八不”即中道，即遮止生灭、常断、一异、来出等四双八计所发起的无所得中道之理。又作八不中观、八不正观、八不缘起、无得中道、无得正观、不二正观、八遮。意谓宇宙万法，皆由因缘聚散而有生灭等现象发生，实则无生无灭。如谓有生或有灭，则偏颇一边；离此二边而说不生不灭，则为中道之理。

《中论》卷首记载：

> 不生亦不灭，不常亦不断，不一亦不异，不来亦不出。说是因缘，善灭诸戏论，我稽首礼佛，诸说中第一。

在这里，不生、不灭、不常、不断、不一、不异、不来、不出，称为八不。用‘不’来遮遣（否定）世俗之八种邪执，以彰显无得中道之实义，故称八不中道。

又此“八不”皆讲诸法缘起之理，故称八不缘起。此不生、不灭等八不，总破外道之邪执，其中不断、不常等六不，共明不生、不灭之义。依此，不生、不灭为八不之本，又因不灭由不生而有，故不生为无得正观之根本。

因缘和合而生的万物，没有生，没有灭，没有不变，没有断绝，没有来也没有去，没有一样的也没有不一样的。我们若深刻体会到其中的深义，就不会妄自地赋予现象事物概念，这样就不会产生颠倒、纷乱与不安。当止息这些概念，造作和纷乱不安也将随之止息，即可安心。

龙树菩萨是在部派佛教纷争时期开始阐述和宏扬中观思想的，根据佛陀所说的大乘经教如《华严》《般若》《维摩诘经》《法华》等经树立新义而建立的中观学识。

中观思想，纠正了上座部和大众部的各种不同主张，完善统一了般若中观理论。中观思想的中心是“缘起性空”，以“性空”为根本，用“真俗二谛”法性实相的真理，从而达到无相涅槃的寂灭境界。

所以在龙树菩萨的中观论中，包括缘起性空二谛论、法性实相论、般若中道论和无相涅槃论。这几个方面又是相互关联、相互通的。

中观的基本思想，是缘起空义，凡是须依条件才能成立呈现的事物（依缘而起而生，故称缘起、缘生），它的究竟本质是空的（无自性、无他性），它在世俗层面是因假名施设而被我们认识，以上二者就是中道的意义。因为现象界一切事物，没有一件不是依条件才能成立的，所以一切事物，其本质无不是空的（在世俗也只是假名的存在）。

《中论·四谛品》说：

> 诸佛依二谛，为众生说法，一以世俗谛，二第一义谛。
>
> 若不依俗谛，不得第一义，不得第一义，则不得涅槃。

二谛教义的基本内容，是真谛谈空，俗谛说有。俗谛说有，说的是缘起有，又叫假名有；真谛谈空，谈的是本性空，也叫无自性。

二谛的理论说明宇宙万有的事物，都是由众多因缘和合而生，是众多因素和条件结合成的产物，这叫“缘起”。离开众多因素和条件就没有任何事物会发生和存在，由众多因素和条件组成的事物本身就没有独立不变的实体，这叫“性空”。

中观学派也有肯定小乘各派的一面，但认为那都是对俗谛的不同见解，正因为诸部小乘都是分别于俗谛，而不了解真谛空理，所以也就不了解佛法的真实义，一切皆是偏而不即，因此对诸部小乘又有否定的一面。龙树菩萨认为只要在小乘佛教原有的教义上，加上真谛性空的理解，便可悟入中道。

中观宗又叫空宗、无相宗、法性宗，以《中论》《百论》《十二门论》三论为所依。

此宗的法脉传承，在印度是：龙树——提婆——罗睺罗——青目——须利耶苏摩——鸠摩罗什。

传入中国则是：鸠摩罗什——僧肇——僧朗——僧诠——法朗——吉藏。

龙树菩萨的著作很多，光翻成中文的就有二十多种，享有“千部论主”之称，其中以《中论》《十二门论》《大智度论》最为著名。

龙树菩萨的弟子很多，最负盛名的是提婆菩萨。提婆是师子国（斯里兰卡）人，皈依龙树后，深得中观精华，辩才无碍，著有《百论》传世，极大地继承和发扬中观学说。

提婆传弟子罗睺罗，罗睺罗之后有青目，青目之后有须利耶苏摩。苏摩是西域莎车王子，是鸠摩罗什的大乘启蒙及传法之师，鸠摩罗什是印度中观宗的第七祖，在中国则为初祖。

大乘小乘

佛教在龙树菩萨的中观时期前，上座部佛教团体趋于贵族化，普通人很难见到这些大和尚，当时他们的修行方式都是自修，脱离烦恼进入涅槃，证得阿罗汉果。

那时这些修行者自己在山中修行，不关心外在事物，也没有时间弘扬佛法，利益众生。而且修行也不是一两天可以修完的，需要几十年不断精进努力，方能解脱。

因此，以利益众生、教化众生为主导思想的开放性的佛教僧众激烈批评这些修行行为，说他们只关心自己不关心众生，这样修法是得到个人解脱，所以叫他们小乘。乘就是车、船的意思，很小的车、船，只坐了自修的一个人，帮不了别人。

要过去的彼岸是涅槃，此岸是烦恼，中间的现世人生、六道轮回是大海。

龙树菩萨弘扬的大乘法门可以济度周围很多人，所以叫大乘。就是大车、大船的意思，带很多人进入涅槃。

原始佛教主张“众生空”，又名“人空”。把人身分解为“五蕴”“四大”，既为五蕴和合，所以无常、无自性，最后归结“空”（不实在）。

大乘空宗认为这种空观还不彻底，不但“众生空”，还要讲“法空”。不但人为五蕴合和而空，五蕴本身也是空。

鸠摩罗什法师在《大乘大义章》中说：“有二种论，一者大乘论，说二种空，众生空、法空；二者小乘论，说众生空。”他给大小乘作出的这一分别，对中国佛教界产生广泛影响，这一观点也被普遍接受认同。

“空即是色，色即是空”，是大乘中观学派一贯运用的总原则。

《般若经》中反复讲说，它这种公式，适用于分析一切现象（包括物质现象及精神现象），讲到“识”时，它认为“空即是识，识即是空”。

大乘和小乘思想的区别

（1）一佛变成多佛。小乘佛教只称一个人为佛，为什么叫释迦牟尼佛？其实他是大阿罗汉，弟子们称他为佛，因为佛是导师。在释迦牟尼佛之前佛法就存在了，释迦牟尼悟到了解脱众生的正法，所以佛陀是先觉者，有了他，才有真正的解脱法门，打破无明，后来的弟子跟着他悟道、证道、修行，尊敬称他为佛。而大乘佛教主张，不仅仅只有一位佛，还有无数佛的存在；

（2）小乘最终以证得阿罗汉果进入无余涅槃的修行，而大乘是以菩萨为主的修行。大乘佛教认为即便证得阿罗汉果也不算最满，除此之外还有菩萨境界，最后才是佛的境界。大乘认为，佛境界比阿罗汉果位高，高到什么程度？不可说，不可说，因为中间还有菩萨；

(3)小乘佛教主要经典为四部阿含经，而大乘佛教的佛经数不胜数；

(4)小乘佛教修法以八正道为主的三十七道品修养法，而大乘佛教修法主要是以修布施、持戒、忍辱、精进、禅定、智慧六度般若密为主的菩萨行以及布施、爱语、利行、同事的四摄法。

六度菩萨行修法是菩萨行者自利利他的总纲。而四摄法则是菩萨为了教化众生所施设的方便法门，专为利他；

(5)小乘佛教须形出家。而大乘佛教僧俗不二，心出家即出家，不拘于形式；

(6)小乘佛教指出修行须断掉烦恼而证得菩提。大乘佛教则提倡不离开烦恼可进入菩提，烦恼即是菩提；

(7)小乘佛教须完全摆脱生死进入涅槃，而大乘佛教认为生死与涅槃不二；

(8)小乘佛教主张众生自救，佛只指出途径，修行能入涅槃，不主张人人都能成佛。而大乘佛教积极宣传只要虔诚信仰，则众生皆能成佛；

(9)小乘佛教在哲学上主张“我空法有”，认为所有的物质与精神现象，都是若干种微粒在一定条件，以不同形式合成的，它们刹那间生灭，所以任何追求都是虚幻的，没什么可以留恋。

而大乘佛教的哲学思想是“法我皆空”，认为不但山水鸟兽事物是不存在的，就连所谓微粒也不存在。现实世界的一切物质与精神现象都是假象、假名，都是空的。

大乘和小乘文化的区别

小乘佛教的修法、戒律、服装，仪式等至今保持传统和原始佛教时期基本相似，几乎没变。

而大乘佛教入乡随俗，根据不同的地区、气候、门派、年代，大乘佛教各门派文化、礼仪、戒律、服装、经典、修法等千变万化，丰富多彩，契合本地风俗，演变出了各种精彩形式。

例如藏传佛教：

藏传佛教从汉、印两地传入。在“前弘期”中，汉、印两系佛教在西藏都有影响。当时汉、印两地高度发展的艺术、工艺也一并传入。莲花生大师主持兴建的桑耶寺即采用印、汉、藏三式，兼收并蓄，博采众长。

密教佛医以《四部医典》为经典，它的重要性在藏医中不亚于中医的《黄帝内经》，是研究医理、养生、治疗秘法的珍贵医学，明显地综合汇通了汉、印、藏的医理，并吸收西域、中亚的医术，形成独具特色的“藏医”；后传入蒙古，又发展而成“蒙医”。

藏传佛教后弘期之初，藏传佛教虽以全盘接受当时印度流行之无上瑜伽部密宗为主，但文化上受汉文化之影响更大。寺院等建筑，大多采取汉地宫殿形式而又吸收了西藏当地原始苯教的东西，也保留了晚期印度佛教的一些内容，雕梁画栋，备极精巧。

藏传佛教还吸收了原始苯教的一些形式如活佛转世制度以及跳神之类的宗教活动仪式，此外在法器、法事、服装、转经念诵等形式上，藏传佛教也接受了不少西藏本地的原始文化，故而和印度原始密教亦有较大差异。

但是，文化的外在形式不能改变内在的本质，藏传佛教的哲学思想、修法和苯教有根本区别。

再如汉传佛教：

汉传佛教从汉建元二年至元朔三年（公元前139～126年），张骞出使西域期间，佛教逐渐传入汉地。现在大部分认为汉永平年间（公元58～75年）遣使西域取回《四十二章经》为佛教经典传入中国之始。前秦王苻坚遣僧人顺道等赴高句丽弘佛。僧人阿道入高句丽弘法是为佛教传入朝鲜之始。

魏晋南北朝是佛教在中国迅速发展的重要时期。法显取经，道安弘法，慧远结社，至公元401年，龟兹僧人鸠摩罗什来长安，后秦王姚兴以国师相迎。鸠摩罗什大开译场，一时从者如云，他系统地介绍大乘中观学派。在长安的十一年时间他在弟子的帮助下翻译《维摩诘经》《妙法莲华经》《金刚经》等大量经典。他的译文纠正了过去翻译的经书中一些对佛经的误解，深度融合了中国文化特色，得意忘言，行文优美，成为至今流传最广的佛教经典。他的弟子僧肇写的《肇论》三篇系统表达了中国佛教的不二法门思想。

唐代时中国佛教臻于鼎盛。不少僧人如玄奘、义净等不辞艰苦去印度求法。太宗、高宗、武则天更令各州设大云寺。终唐之世，佛教僧人备受礼遇，赏赐有加。不空和尚曾备受玄宗、肃宗和代宗三朝推崇，封肃国公。

佛教在唐代深入民间，有了许多通俗的表现形式，另外在建筑、雕刻、绘画、音乐、汉文字等方面贡献巨大。

大唐帝国国力强盛，文化开放，外商云集，百鸟朝凤。作为经济、军事和文化强国，大唐帝国屹立东方，泽被天下，日本、朝鲜许多留学生定住长安及洛阳，此时中国佛教开始大规模传入朝鲜、日本、越南和印尼，思想的输出加强了中国与亚洲其他国家的宗教、文化和商业的联系。

佛像

佛教文化的另一种表现形式就是佛像，自北魏起又有各种石刻、木雕、金镂、漆塑、浇铸等造像艺术，形式多样，体现了中华文化的多姿多彩，如敦煌、云冈、龙门石窟，均为世界文化瑰宝。宋以后，出现了许多罗汉像以及各种各样的观世音菩萨像。这些佛像大部分是根据中国民间传说创造出来的。这些佛像的出现，大大丰富了佛教艺术的表现内容。从造像的风格上看，更贴近生活，更通俗化，也更容易为世人接受，特别是各种体态的观世音菩萨像，从唐以前的面部留有蝌蚪形小髭的男相，转变成风姿绰约、美丽端庄的女性形象，而且颇具世俗风韵。大乘佛教艺术，无论从表现内容还是艺术风格上来看，都已是地道的中国传统文化和艺术的结晶了。

服装

印度气候炎热，僧侣只穿一件衣服就可以，称为“袈裟”，即坏色衣，意思是不能用青、黄、赤、白、蓝等正色来制衣，也称“百纳衣”。

后来佛制允许僧人接受在家居士的供养，包括衣物等，也就规定了僧侣的服装可以有“三衣”。

佛教传入中国之后，由于气候比印度寒冷，风俗习惯也大不同。因此，僧侣的服装有了极大的改变，数量和种类也有所增加。汉朝的僧人是依师出家，用所依师之姓，也仍然穿俗家的服装，并不是穿印度僧人的袈裟。

唐宋以后，佛教深入民间，僧侣的服装颜色也更多带有世间的倾向。皇室多次赐予高僧紫衣、绯衣等正色外衣。

到了元代密宗盛行，僧人的服装改变以黄色为主。

明代对僧人的服装颜色又作了规定，明《礼部志稿》云：“洪武十四年，令凡僧道服色，禅僧茶褐常服、青条、玉色袈裟。讲僧玉色常服，绿条、浅色袈裟。教僧皂色常服，黑条、浅红袈裟。”由此可见，明代僧人的服装可分为禅、讲、教三种差别。现在僧人所穿的袈裟也不是印度佛陀时代的大衣，而是中国化了的。

佛教传入韩国、日本之后，服装、文化又进一步适应当地风格而改变。日本僧人的袈裟只用一条布带挂在肩膀上，而韩国僧侣服装则和中国僧人的袈裟相似，但袈裟只有中国僧人上半身一半的长度，不齐地。

僧伽制度

中国出家僧众遵行的戒律，保持一部分印度传统，但有自己的明显特点：

（1）出家僧徒自道安以后一律以“释”为姓；

（2）僧徒必须素食；

（3）不行乞食，安居寺中修行，生活由寺供养。后来禅宗提倡

农禅兼修，僧人可务农自养；

(4)僧人受菩萨戒，唐代已有烧身供养以示愿行坚固，以后逐渐变为燃顶(烧香疤)；

(5)寺院一般都有住持(方丈)、监院、维那、知客等僧职；

(6)唐末禅宗盛行后，逐渐在全国寺院推行改订的《百丈清规》，对僧徒诵经的仪式和参禅等活动，作了具体的变更。

大乘佛教以弘法济度为根本，不重外相，随缘而形，得意忘相，不拘形式，因为注重“性空”，所以千变万化而不离其本，随时随地接受融入当地文化。

出入不二

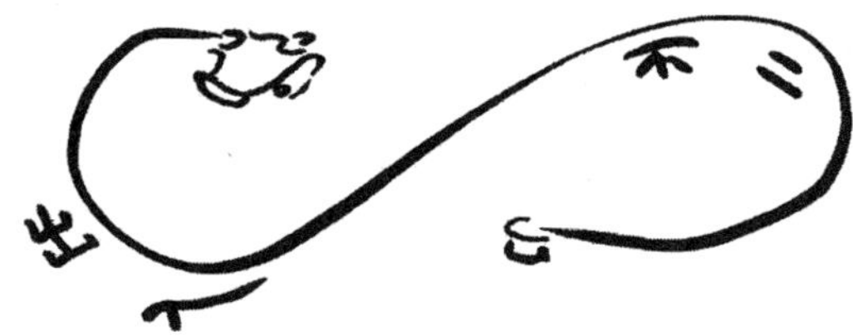

佛教的真正弘扬是从释迦牟尼悟道后开始弘法算起，有的说法是他弘法49年，目前学术界普遍认为，他35岁悟道到80岁涅槃，弘法45年。

释迦牟尼一生指导的修法，只是一些简单的修法。我们现在看到的念佛、念咒、读经、法事等行为，世尊当时都不曾做过。

当时的情况，谁皈依佛陀修行佛法，先简单地学习安那般那呼吸法，以及正确的打坐方法，就像一个学校里出来的学生一样，外在简单的衣着，打坐样子都基本相似。

现代有不少想通过修行禅法、佛法解脱烦恼，获得自在人生的人，其中有的人福报好，一开始就能遇到和自己相应的明师，修习禅定，得到禅悦。

可大多数人没那么幸运，或即便有幸遇到明师，也不相信自己的运气，总认为还有更好的师父，决心和信心都不够，总感觉下一位更有名气，其他的修法可能更有效等等，修习中一遇到困难就是别人的问题，即便没有什么困难也会抱着试一下别的修法无妨的心态。既没有坚定不移的目标，也没有百折不挠的信心，东顾西望、评头论足、半途而废。

大乘佛法里修法随缘而形，不断衍变，生出了八万四千法门，就是因为现代人心思多变、思维复杂，佛法是为了度人而存在，而不是人为了法而存在，故此，大乘佛教有各种各样的方便法门，适应不同的人的需要。

我们先要确定自己和什么法相应？这个关键取决于自己想要修法的目的、时间、信念和信心，有的人适合苦修，有的人适合念佛，有的人适合棒喝，有的人适合静坐，因人而异，不一而足，但如果修的人不坚定，信心不够，那修什么都是一知半解，徒劳无功。

佛法里的所有修法，无论禅、密、净土，没有什么好或不好，对或不对，是法平等，无有高下，有高下分别的是人的心。

如果想修密宗，修密的关键在于对于修者来说，传法的上师就是你的法，就是你的佛，必须绝对恭敬，信任，才可以入门修密。

如果想禅修，也需要知道禅修只是无数修法的一种，讲究的是悟，生活中时刻保持禅心，禅修的修习是以心传心的默契，谁的心跟谁的心有传承呢？想修的人的心与引导人的心契合才能有心心相印的境界。

中国禅宗直接继承了龙树菩萨“八不中道”的中观思想和禅学精神，关于这些我们会在后面章节进一步展开讨论。

我们所处的这个时代，物质极大丰富，精神极度空虚，和龙树菩萨的中观时期相比，需求更多方便法来接引世人离苦得乐，但无论什么法，本质都是：

出入不二，一脉相承，万法平等，无有高下。

罗什 无常空门

游戏神通

初冬，长安城，逍遥园大译经场。

香烟缭绕，法钟齐鸣。

后秦王姚兴携常山公、安城侯及“什们四圣”僧睿、僧肇、道生、道融同义学沙门千二百余人皆正衣端坐，表情肃然，鸦雀无声。

中间法床上，国师鸠摩罗什庄严肃穆，结跏趺坐闭目入定，无声无息。

近期常有逍遥园译经场的僧人晚间出入青楼，昨夜，这些僧人与人争风打闹，居然险些出了人命，夜间惊闻此消息的罗什师大弟子僧肇速赶回译场报告还在连夜翻译经书的老师。这次几个僧人去宿妓，结果被街坊捉住要捆送衙门，僧人和街坊大打出手，得知这件事情后译经场所有的僧人们接头接耳，议论纷纷，一时人心浮动。

罗什听僧肇告知后长叹一声，吩咐僧肇明早将僧众，国王及诸公全部请来经场，他自有交代，说完就在法床上默言入定了。

此时众人已坐立静候良久。时至正午，罗什师睁眼，微笑颔首，怡然从法床边拿出一个大碗，碗里居然满是缝衣针，嘱弟子进前，将水和针一口吞下，然后吸一口气，又将吞下的针悉数由皮肤飙出。

众人瞠目结舌，目瞪口呆。

正惊愕间，听罗什师清晰地说："罗什知自身数次破戒，娶妻蓄室，如同凡夫，诸位心中颇有微词，为僧破戒，何以为师？但大德们为弘法而来，跟随罗什，不辞辛苦，此批经书译就，如光照迷雾，拯救中土众生，诸位大善知识功德无量，千秋万代。破戒之事罗什今吞针以正告，此事莫要学我，如再有人欲去花街柳巷，惹是生非，或想娶妻生子，亦蓄发还俗或如罗什今日吞针，如此方可。"

诸位听真切：

如臭泥中生莲花，但采莲花，勿取臭泥也。

《晋书·艺术·鸠摩罗什传》记载：

> （姚）兴（南北朝时代后秦国主）尝对罗什说："大师聪明超悟，天下莫二，何可使法种少嗣。"遂以妓女十人，逼令受之。尔后不住僧坊，别立廨舍，诸僧多效之。什乃聚针盈钵，引诸僧谓之曰："若能见效食此者，乃可畜（蓄）室耳。"因举匕进针，与常食不别，诸僧愧服乃止。

对于《晋书》中记载的罗什吞针在民间也颇为流传。敦煌文献中有一份题为《罗什法师赞》的文字，赞文后有如下的颂诗：

证迹本西方，利化游东国。毗赞士三千，枢衣四圣德。内镜操瓶里，洗涤秦王惑。吞针糜钵中，机戒弟子色。

清代大诗人、才子纳兰容若有《龙泉寺书经岩叔扇》诗，写罗什师：

绣幡风定昼愔愔，证取莲花不染心。佛法自来空色相，当年何事苦吞针？

这些到底是怎么回事呢？

我们先看看佛教从印度传入中国的曲折经历。这期间西域、印度、中国本土的不少大善知识，不畏艰险，远渡重洋，舍身求法，他们除了需要抵御路途遥远，还要克服语言的障碍，千辛万苦觅得的经书，有些在途中丢失，失去完整性，还有些因为翻译不准确，令人费解。

故此，将正法传入中土的大善知识们，不但要有百折不挠的大愿力，还需要融汇贯通几国文化、语言，以及自己具有对经文的深刻理解和如何融入当地文化的大智慧。通常具备了此种智慧的人，自己已经可以著书立传，开门授徒，教化众生，有几人肯做辛苦的翻译工作？

鸠摩罗什大师，无论从译经的数量还是质量，都是无与伦比的中土四大译经师之首，从公元401年到长安至公元413年圆寂，十二年中，他在弟子的帮助下译经七十四部三百八十四卷。他的译笔忠于原文，圆通流畅、典雅质朴，并纠正了四百年来他人译经之误，成为后世流传最广的佛教经典。

他在长安译经讲道是中国佛教和文化历史中具有划时代意义的一件大事。他首次把印度大乘佛学思想真正翻译并引进中土，使佛教与中国传统的儒、道并立而形成具有中国特色的文化基础。他的贡献对中国佛学宗派的形成，佛教思想的传播和整个东亚文化的流变起到了重要的影响。

我们先一起来回顾一下罗什大师来到中国之前中土翻译佛经和佛法传入的一些过程吧。

公元64年，东汉明帝夜梦金人，派遣秦景等人出使西域取回《四十二章经》，大乘信仰正式经由皇家信仰传入中国，此为佛法传入中国之始。

公元222年（三国吴大帝黄武元年），支谦从洛阳到武昌，后到建业，译《大明度无极经》《维摩诘经》《大阿弥陀经》等佛经。

公元224年（三国吴大帝黄武三年），印度僧维祇难和竺律炎在武昌译《法句经》，此经后由支谦重新校译。

公元250年（三国魏齐王嘉年二年），古印度僧人昙柯迦罗到达洛阳，译有《僧祇戒本》，并于白马寺设戒台传戒，肇汉地佛教按戒律出家之始。同年，古印度佛学研究中心在那烂陀寺建立。

公元260年（三国魏元帝景元元年），僧人朱士行为访求《大品般若经》，西行五万余里到达于阗，得《放光般若经》梵本。是为中国僧人西行求法之始。

公元266年（西晋武帝泰始二年），天竺僧人竺法护在洛阳译经，以后共译大、小乘经典150余部，为晋代译经者之冠。

公元286年（西晋武帝太康七年），竺法护译出《正法华经》10

卷、《光赞般若经》10卷。

公元310年(西晋怀帝永嘉四年),龟兹(今新疆库车)僧人佛图澄至洛阳弘法。后来投奔后赵石勒,被尊为“大和尚”,得以参政。曾以佛教不杀生之情劝石勒。

公元348年(东晋穆帝永和四年),“大和尚”佛图澄卒于邺宫寺,年117岁。生前与弟子共建寺893所。

公元354年(东晋穆帝永和十年),道安在太行恒山立寺传教,慧远与弟慧持皈依道安出家。

公元380年(东晋孝武帝太元五年),道安编《综理众经目录》,一般以之为最早而可信的经录。昙摩持、竺佛念等在道安主持下译出《十诵比丘戒本》等。

公元381年(东晋孝武帝太元六年),慧远至庐山创“龙泉精舍”,讲经说法,结庐山白莲社,首倡汉地佛教净土信仰,庐山渐成为南方佛学中心之一。四姓沙门皆改姓为“释”。中国汉僧从此以“释”为姓,自称为释迦牟尼后人。

公元398年(东晋安帝隆安二年),僧伽提婆译《中阿含经》。

公元399年(后秦弘始元年),法显从长安出发,西行天竺求法。

公元401年(后秦弘始三年),龟兹僧鸠摩罗什到达长安。

一梦如是

鸠摩罗什，原籍天竺，公元344年生于西域龟兹国（今新疆库车县）。

《鸠摩罗什法师大义》的序中就宣称鸠摩罗什出生时“圆光一丈，既长超绝，独步阎浮”。

鸠摩罗什的母亲，是龟兹王白纯的妹妹耆婆，自幼天资聪敏，过目不忘。当怀上鸠摩罗什时，记忆力倍增于从前，甚至能无师自通天竺语，众人惊讶不已。龟兹高僧达摩瞿沙说：“这种现象，必定是怀有智慧的孩子。舍利弗在母胎时，其母智慧倍常，正是前例。”等到鸠摩罗什出生后，其母便顿时忘却天竺语。

罗什七岁随母出家，即受小乘毗昙学。依从老师学经，每天背诵千偈，一偈有三十二字，总共三万二千言，如此背诵完《阿毗昙经》，老师为罗什解释经义，没想到小罗什早已自通妙谛，不须逐句指导。

九岁受学于罽宾国一代小乘名僧盘头达多。鸠摩罗什依止他学《中阿含经》《长阿含经》，共四百万言。盘头达多每每称赞鸠摩罗什的神慧俊才，罽宾国王听到了赞誉，即延请罗什进宫，同时

集许多外道论师一同问难小罗什，结果外道全被罗什折服。因此，罽宾国王更加敬重罗什，并以上宾之礼供养他。

此时的鸠摩罗什"于六足诸论无所滞疑，所习仍属小乘，并博览群经，寻访外道经书，精四韦陀典及五明诸论，乃至阴阳星算亦莫不毕尽"。

十二岁，罗什师来到疏勒国登坛讲经，春风得意，自信天成，才华洋溢，少年得志。

幼小的年龄就有这样成就，使其他僧人心里不舒服，罗什又不拘小节，于是僧人们开始攻击他。但罗什全然不在意，依然我行我素。

他在疏勒国最大的收获就是遇到了两位大德，一位是佛陀耶舍，另一位是莎车国王子须利耶苏摩。佛陀耶舍是对大小乘都很有研究的高僧，而苏摩则精通中观大乘，才智绝伦，罗什和他相见恨晚，最后弃小乘从大乘，师从苏摩从头学习中观三论，彻悟世界万物"毕竟空"。这一时期的罗什有两大特点，一是精进求学，潜心持戒；二是不仅精通大小乘，而且就连外道神通也所涉无遗。

十四岁那年，他和母亲来到温宿国，他舅舅龟兹王白纯亲自来温宿国，迎请罗什母子回龟兹国讲法教化。龟兹国原属小乘的教法，鸠摩罗什广开大乘法筵，听闻者莫不欢喜赞叹，大感相逢恨晚。

此时，罗什二十岁，受具足戒，跟从客居龟兹的高僧卑摩罗叉学《十诵律》。

二十岁的罗什历时十三年遍学大小乘，师从佛图舍弥、盘头达多、苏摩、卑摩罗叉等当世高僧，终于成为了一个学富五车、名震八方的佛学大师。

龟兹王为鸠摩罗什建造金狮子座，上面铺着锦绣坐褥，恭请罗什法师升座讲法。鸠摩罗什少年俊才，西域的人非常钦服，每年举行讲经说法，西域诸王都云集来闻法，并长跪在鸠摩罗什的法座旁边，让鸠摩罗什踏着他们的背登上法座讲经。

不久，鸠摩罗什的启蒙师父盘头达多，不远千里慕名来到龟兹国。鸠摩罗什苦口婆心，将大乘妙义连番比喻，娓娓道来，说服师父皈依大乘，师徒不折不挠辩经一个多月，盘头达多心服口服，向鸠摩罗什磕头顶礼，说：今天我终于信服了，您是我的大乘师父，我是您的小乘师父。

鸠摩罗什的法名不仅远播西域，也东传至中国。前秦苻坚久仰大名，在心中早已有迎请的想法。

是年，太史上奏："西域现明星，当有大德智人，来到我国。"

苻坚说："朕听说当今天下二位圣人，西域有鸠摩罗什法师，襄阳有释道安。明星所预一定是鸠摩罗什吧！"

公元382年，苻坚派骁骑将军吕光攻打龟兹，临行前在宫中对吕光说："帝王应天而治，以爱民如子为本，并不是贪爱人家的地盘就去攻打，实在是因为那里有怀道之人。西域鸠摩罗什法师，深解法相，是后学的宗师，朕非常想念他。贤哲是国家的大宝，如果打下龟兹，立即用快马把他送回来！"

吕光攻克龟兹后，杀了国王白纯，俘虏了鸠摩罗什，这个武夫看不出法师有什么能量。见他不过四十多岁，如此年轻，就想戏弄他，硬逼着罗什与其表妹成亲。罗什怎么也不肯答应。

遇到武夫吕光，这是罗什生命中大转折点，也是坎坷生活经历的开始。吕光强行把公主嫁给他，还将他与表妹关在密室，强迫他饮酒。罗什非常不愿意，痛苦不堪，但最终还是被迫破戒。

据《高僧传》记载：

> 光遂破龟兹，杀（白）纯，立纯弟震为主。
>
> 光即获什，未测其智量，见年齿尚少，乃凡人戏之，强妻以龟兹王女，什拒而不受，辞甚苦到。
>
> 光曰："道士之操，不踰先父，何可固辞。"
>
> 乃饮以醇酒，同闭密室。什被逼既至，遂亏其节。或令骑牛及乘恶马，欲使堕落。

吕光听说苻坚出兵败于淝水，就在姑藏（现甘肃凉州）建立后凉国，自立为王。此时鸠摩罗什被他当个巫师、风水师使用，闲时逼迫罗什师骑牛、骑野马让他堕落嬉戏。尽管无法传授佛法，但罗什志心不改，为来东土弘法忍辱委曲求全与吕光周旋。他潜心精学汉语，精通圆熟，为去中国作准备。

公元385年，姚苌杀掉苻坚，于长安确立后秦。不久其子姚兴即位，横扫前秦、西秦、后凉，雄霸北方，国势大增。姚兴推崇儒学和佛教，于是，后秦逐步发展成为十六国中经济和文化最发达的国家。

公元401年五月，姚兴仰慕罗什大名，派兵伐凉国，凉军溃败，至九月姑臧上表归降，鸠摩罗什启程前往关中，至此，鸠摩罗什到达东土传经之路，磨砺了长达十六年！他已五十八岁了。

十二月二十日，鸠摩罗什携大弟子僧肇随军抵达长安。

为了一位佛学大德，居然连发两场战争，可见无论苻坚还是姚兴都是思贤若渴，也可见当时中国对正法、对贤哲、对思想的重视程度。

姚兴得了罗什，一谈之下，不禁欣喜若狂，以国师之礼盛待，罗什筹备在西明阁和逍遥园译经说法，道生、道融、僧契、僧迁、法钦、道流、道恒、道标、僧睿等精英相继来投，共三千余人参加译场。从第二年开始，通晓佛学、梵语和汉语的鸠摩罗什在姚兴、公卿和僧徒的拥助之下开始正式翻译佛经。

这时鸠摩罗什已在中原实现着“方等深教，应大阐真丹”的宏愿，完成母亲托付的诺言。鸠摩罗什从龟兹到凉州至长安，十六年时间，经历了种种艰难凌辱，不堪回首。当达到了中国后，他夜以继日不遗余力地翻译佛经。

从402年开始翻译至413年圆寂，十一年光景，翻译了佛经七十四部，三百八十四卷。已是花甲之年的鸠摩罗什以超常的精力和惊人速度完成浩大佛经翻译，确实是实践着“大阐真丹”的誓言，体现了“虽身当炉镬，苦而无恨”的卓绝精神。

中国自东汉明帝时，佛法渐传，历经魏晋诸朝，汉译的经典渐渐增多，但是翻译的作品多不流畅，与原梵本有所偏差。鸠摩什羁留姑臧十六年，对于中土民情非常熟悉，在语言文字上能运用自如，又加上他原本博学多闻，兼具文学素养，因此，在翻译经典上，自然生动而契合妙义，在传译的里程上，缔造了一幕空前的盛况。

逍遥园的译经盛况空前绝后，一千多名当时最顶尖的学者围绕罗什，每译一部经书，罗什持梵文佛经，将一段经文大意说出，

然后这些通晓佛学、汉文、诗词的大学者，分成各个小组，将罗什师说的内容组成最精炼优美的文字，最后从中选出公认最佳的留用。这种翻译方法，可谓前所未有。以前都是法师或者居士等亲自带一些助手翻译，无论如何对他国文化的理解，以及文学、语言水平有限，罗什译经场，汇集了当时中国最优秀的顶尖学者，将汉文字的优美和罗什师对佛经的充分理解融会贯通，此次译经对于汉文字贡献巨大，创造了许多佛学词语至今仍在广泛使用。

鸠摩罗什译有《中论》《百论》《十二门论》《般若经》《法华经》《大智度论》《维摩诘经》《金刚经》《阿弥陀经》《无量寿经》《坐禅三昧经》《十诵律》《十诵戒本》《菩萨戒本》《佛藏》《菩萨藏》等等。有关翻译的总数，依《出三藏记集》卷二载，共有三十五部，二百九十七卷；据《开元录》卷四载，共有七十四部，三百八十四卷，近三百万字。

从鸠摩罗什所翻译的经典类别，可以看出他致力弘扬的，主要是根据般若经类而建立的龙树一系的大乘中观思想。他所译出的经论，在我国佛教史上，带来巨大的影响。

在一千多年后的今天，我们诵读的《金刚经》《维摩诘经》《法华经》等依然只看罗什译本。罗什师得意忘言，随缘而形的大乘思想直接影响到中国禅宗"不立文字，直指人心"的核心。

《中论》《百论》《十二门论》，经后来道生弘扬于南方，经僧朗、僧诠、法朗，至隋代吉藏而集"三论宗"之大成。因此，鸠摩罗什被尊为三论宗之祖。三论再加上《大智度论》，而成为四论学派。

《法华经》，是天台宗的绪端。

《成实论》，为成实宗的根本要典。

《阿弥陀经》《十住毗婆沙论》，为净土宗的依据。

《弥勒成佛经》，促成弥勒信仰的发展。

《坐禅三昧经》，促进菩萨禅的盛行。

《梵网经》，使中国广传大乘戒法。

《十诵律》，是研究律学的重要典籍。

《金刚经》，是中国禅所依经典，影响巨大，不仅禅宗修行者，净土宗也极为重视。

《维摩诘经》，不仅是中国禅宗重视，也是天台、法相、三论等宗派的必修经典，更是广大居士禅修者的所依经典。

……

鸠摩罗什在佛教史上，承先启后，功不可没。

罗什当然知道，之所以可以取得如此重大成就，与后秦王姚兴的提倡、参与、支持分不开。一日在“逍遥园”译场的时候，姚兴王以试探的口吻对罗什说：“法师才学超众，海内无双，只是已经年近六十了，却无子嗣，难道欲令法种断绝吗？我想送予你几位宫女，如能有后，也好继承你的智慧。不知您意下如何？”

什为人神情朗澈，傲岸出群，应机领会，鲜有论匹者。笃性仁厚，泛爱为心，虚己善诱，终日无倦。姚主常谓什曰：大师聪明超悟，天下莫二，若一旦后世，何可使法种无嗣。遂以妓女十人逼令受之。自尔以来，不住僧坊，别立廨舍，供给丰盈。

在姑臧的十六年忍辱经历，一生的宏愿终于在长安得以实现

罗什师知道他不能违背姚兴的意愿，故此勉强接受了。

现在的鸠摩罗什已经不是第一次破戒时的心态，大乘空性的思想，维摩出入不二的智慧，让他平静对待命运中的所有缘分。不悲不喜，处之泰然。

但这事在逍遥园译经的僧人中引起震动，老师带头破戒，有些人对于罗什师生起轻慢心，有些僧人羡慕罗什的艳福，也妄想仿效。于是出现开始的局面。便有了罗什师召集众僧显神通当庭吞针，震惊四座的一幕。

公元413年8月20日，年近七十的罗什师知道大限将至，圆寂前，罗什向僧众弟子们告别说："我们因佛法相逢，愿未尽而身先死，无可奈何！我本愚昧，忝为佛经传译，共译出经三百余卷，只有《十诵律》一部尚未审定，如果能保存本旨，一定没有错误。今我在众人前，发誓愿——如果我所传译的经典没有错误，我的身体火化后，舌头不会焦烂。"

言毕圆寂，于逍遥园火化。灰飞烟灭时，唯舌头依然如生。

三寸不烂之舌，证显鸠摩罗什之誓。

入寂时师告众说："……愿凡所宣译，传流后世，咸共弘通。今于众前发诚实誓，若所传无谬者，当使焚身之后，舌不焦烂。"众人在逍遥园，以火焚尸，果然是"薪灭形碎，唯舌不灰"。

罗什一生命运坎坷，且当时中国的佛教还相对不成规模，限制了他的才华充分发挥。罗什十一年译出的经典，还不到他所精通的十分之一。

鸠摩罗什自己尝作颂赠沙门法和，表达出了他对自己坎坷一生的心声：

心山育明德，流薰万由延。
哀鸾孤桐上，清音彻九天。

维摩不二

鸠摩罗什自己对佛法有很深刻的理解，但本人一生只著有《实相论》二卷，以及注解《维摩经》，他的文辞婉约清丽，不待删改而文采斐然。可是《维摩诘经》要说的真正的含义不是为了宣扬维摩诘的神通力量，而是为了破除执著相。

《维摩诘经》是属于以般若思想为中心的一部大乘经典，从东汉《古维摩》二卷开始，在罗什之前，已经有五次的翻译，说明《维摩诘经》与中土适合的深缘。罗什大弟子僧肇便是看《维摩诘经》悟道出家。罗什师最著名弟子有道生、僧肇、道融、僧睿，时称“什门四圣”或“关中四哲”。

罗什师与诸种佛典的关系上，与《维摩诘经》之缘应属最深。罗什翻译了《维摩诘经》之后，除了罗什的注疏之外，僧睿、道融、僧肇、道生四圣，皆对此经作过注解。僧睿称《维摩诘经》对他的重要性“予始发心，启蒙于此，讽咏研求，以为喉衿”。

虽然罗什后期娶妻生子过着与僧众身份不符的日子，依照戒律，他连续破戒，但罗什却仍然深得众弟子的爱戴和尊敬。他讲经说法，才智过人，真正领悟到了佛法的真谛。罗什这样的僧俗不二的生活对罗什本人及其弟子的思想产生了影响。另外，姚兴故意让罗什破戒，从某种角度看，也推动了他僧俗不二思想的传播。这些与罗什师重视《维摩诘经》是有很大关系的。

罗什师之所以对《维摩诘经》如此重视，自然也是与这部经典的重要性有关。不二之道，正是大乘中观佛学的最基本的思维方法。

说到维摩不二的精神以及和中国禅的关系，自然离不开一个关键人物——当年只身去姑臧跟随罗什的大弟子僧肇法师。

僧肇的本迹不二

僧肇，本姓张氏，京兆（今陕西省西安市）人。生于公元384年，卒于公元414年，春秋三十一年。

据《梁·高僧传》卷六记载：僧肇"家贫以佣书为业。遂因缮写，乃历观经、史，备尽坟籍"。每以庄老为心要，尝读老子《德章》，乃叹曰："美则美矣。然期神冥累之方，犹未尽善。"之后他读到了旧译《维摩诘经》，"欢喜顶受，披寻玩味。乃言始知所归矣"。更缘此而出家为僧！后来又"学善方等，兼通三藏"。可见，《维摩诘经》对僧肇的重大影响是不言而喻的。

僧肇的主要著作是《般若无知论》《物不迁论》《不真空论》与《涅槃无名论》，合成《肇论》。

《般若无知论》传至庐山后，得到了南方佛教的领袖人物慧远的称赞，"远乃抚几叹曰：'未常有也'。"

僧肇进入成年时期，已是位知名于关中地区的佛教学者，"及在冠年（二十岁），而名振关辅"。僧肇才思过人，又善谈说，在一次又一次的辩论中，皆取得了胜利。时"京兆宿儒，及关外英彦"，没有一个能胜过僧肇的雄辩的。《高僧传·僧肇传》说："后罗什至姑臧，肇自远从之。什嗟赏无极。及什适长安，肇亦随返。”

作为罗什最得意的弟子，僧肇《肇论》三学思想主要内容见于《般若无知论》中，他是从般若智慧来会通禅定和戒律的。他一直强调“无知而无不知”的圣智，僧肇强调般若的“无所不知”“无所不为”的两种功能：

圣智无知而无所不知，无为而无所不为。

般若可虚而照，真谛可亡而知，万动可即而静，圣应可无而为。斯则不知而自知，不为而自为矣。

僧肇在《般若无知论》里，首先提示圣智就是“圣智幽微，深隐难测，无相无名，乃非言象之所得”，这与《注维摩》序文的一开始所阐明的“维摩诘不思议经者，盖是穷微尽化，绝妙之称也。其旨渊玄，非言象所测”的说法是完全一致的。

师父罗什师吞针、留舌等所显示的神通，僧肇认为都是不可思议的迹，也就是本所现的现象，迹与本是相对的。迹也可以说是本所显现出来的用或功能。迹不是根本的，是现象，根本的是要以大乘六度为修行功德，要以慈悲的心来救度众生，要体悟到不二法门，这才是根本，所以这些神通都是这些根本精神所表现出来的种种迹象而已，不是要义和宗旨。

但僧肇同时又认为迹和本是不能够截然分开的，所以他又接着进一步阐述不思议本与不思议迹的关系：

然幽关难启，圣应不同，非本无以垂迹，非迹无以显本。

这是说，这些深奥的道理之门不太容易进入。而圣人所教化的众生领悟佛法的根器很不一样，所谓“圣应不同”。所以要从两个方面讲解、说明，加以阐发。如果没有这个本，也就不会有这样一种神通现象出现。“非本无以垂迹”，“垂”就是降的意思，显现之义。反过来，“非迹无以显本”，没有这样一些不可思议的现象，也不可能显现出这样不可思议的本。

哲学和宗教思维的根本出发点就是对本质（近似于“本”）和现象（近似于“迹”）的区分，以及对本质的重视和追求。但是佛教发展到一定阶段后，就出现过分地执著于本，如：出家、禅定等方面，而鄙视脱离世俗社会、事业作为。在这样的情况下，《维摩诘经》提出不二法门，其核心就落实在“本迹不二”上。

正是有了“本迹不二”，才有了将禅定和行住坐卧平等不二看待的不二禅观，也正是有了“本迹不二”，才顺理又将出家和在家平等不二看待的“僧俗不二”。

《维摩诘经》主张“不于三界现身意”“不起灭定而现诸威仪”、“不舍道法而现凡夫事”“心不住内亦不在外”“于诸见不动而修行三十七品”“不断烦恼而入涅槃”等不二法门思想。僧肇继承这一精神，而进一步提倡“终日道法，终日凡夫”之生活禅思想。

佛法以戒定慧三学为修证的根本。其中严守戒律是修行的重要要求。按照《维摩诘经》的戒律精神来看，戒律不是固定的教条，而是因人设置的方便法门。也就是说，是因为此土众生心性固执难以教化，所以佛说要守种种戒，并说种种毁戒之行要受种种恶报，但这些说法都不要执著为教条，从而又增加心的一种束缚。故此，不二法门提倡的戒律是心戒。“僧俗不二”“本迹不二”“出入不二”。

罗什的《注维摩》中从本迹不二来会通了《维摩诘经》所阐明的不二法门思想。总之，理解不二法门，需要注意其核心精神“本迹不二”，说到需得意忘象、得意忘言领悟的根本精神，就无象、无言可求了。

罗什、僧肇虽然阐明的是佛教思想，但我们并不能由此而推出他把佛经看得比老庄高。

《老子》哲学里，最高概念是“道”。对于“道”的描述，老子有时用“无”“无为”“无形”“无状”这些否定性的词语来形容。僧肇在著述中多引用《老子》的话来表达自己的佛学思想，其中引用的最明显的是“无为而无不为”说法，他还进一步发挥“无知而无不知”“无生而无不生”“无形而无不形”“无在而无不在”等说法。

《庄子》接受并发展了《老子》的天道宇宙观，认为宇宙万物只是迹相，而演造这些迹相的有一个超越感观、不为时空所范围的本体，这个本体即为“道”。道体是无限的，无时、无处不在，天地间的一切理则和物质，皆由它而生。掌握了“道”，就能打破一切差别相，与天地并存，与万物合一，获得绝对的自由，即所谓“逍遥游”。

从经文思想中关于社会与修者的关系方面来看，《维摩诘经》与《老》《庄》有如下几个方面的不同点：

（1）大体上，《老》《庄》主要主张离俗而得道、避世而逍遥，而《维摩诘经》则主张不离世间而得清净的僧俗不二思想。

（2）从个人与社会的关系上来看，《老》《庄》是采取消极的避

开方法,《维摩诘经》是采取积极的方便法利他。

(3)《老》《庄》认为社会会妨害个人修道,而《维摩诘经》认为社会是建立佛国的基础,心净则国土净。

僧肇看中的正是《维摩诘经》的这些不离世间觉的入世精神,他选择《维摩诘经》的根本的原因正是大乘佛教视众生的幸福和个人的解脱同等重要的精神。《庄子》中有“天地与我并生”“万物与我为一”的思想,僧肇在此基础上进一步体会到社会与我并存、人们与我同根,就是“不离俗又不执俗”的不二思想。

迹往往不可思议、难思议。僧肇认为,它既不能用语言来表达,也不是某一种想法所能够达到的,就是“言语道断,心行路绝”。后来禅宗非常喜欢用这句话,禅宗认为,禅的精神不能用语言来表达出它的本来面目,也不能用自己的心去想象或体会它,而是要通过修行实践才能真正体悟。

僧肇进一步用《老子》“无为而无不为”的话来阐述《维摩诘经》所说的不可思议之义。他认为,我们虽然看不到任何事物,但是实际上它是无所不在的。也就是说不知道它为什么会这样,可是它却显现出各种现象,就在我们面前,所以也可以说这一切都是不可思议的。

无常空门

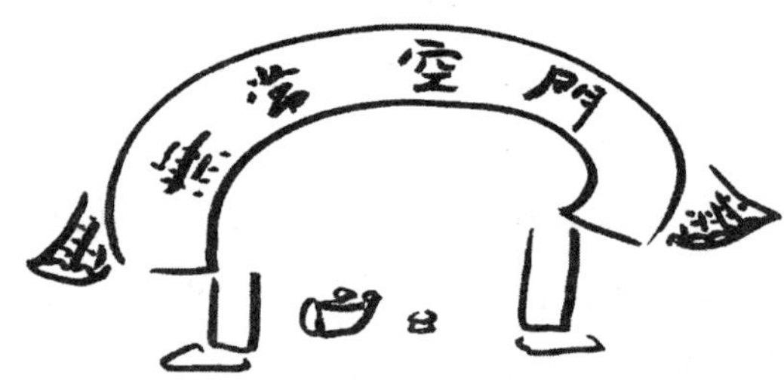

无论在哪里，想要进入禅修境界，第一需要体悟“无常”的道理。无常是一切修行的入门，不真正理解“无常”而想觉悟是荒唐的。

这好像小学生被父母要求去上学读书，自己也不知道自己需要学习什么，老师怎么安排就怎么学，可是进入大学，还是这么被动，不明白自己的专业价值，不明白学习的目的和建立目标，那是可笑的。

人如果活在社会上，非常知足，也没什么想法和追求，这样的人不需要追求禅修，禅修需要有明确的目的和目标。

有些人开始思考人生的目的，认为社会上简单的快乐不究竟快乐的反面存在脱不开的痛苦，而从生到死的过程中苦乐反复交

替，太不稳定，人没有抵抗能力，大部分人的思想跟着外界环境的变化而变化，跟着别人的情绪变化而变化，跟着欲望的生灭变化而变化，自己的身体好像大海里的一叶孤舟，在巨浪中身不由己，无法自持。这些人感觉到了生命中的无奈、渺小和微不足道。懂得了这些道理，彻底体会到了以身体为主接触的社会的变化无常，人际关系、物质关系、依赖关系、机会主义的不稳定性，心中才能产生追求永恒逍遥自在的内心平和稳定状态。不约束，不限制，不被动，不执著。

罗什师认为“有物流动”，本是“人之常情”，是佛法“三法印”之一的“诸行无常”，罗什师称之为“般若初门”。关于无常与空的关系，罗什师在《注维摩》中多次强调：

> 无常是空之初相，将欲说空，故先说无常。
>
> 凡说空，则先说无常，无常则空之初门，初门则谓之无常，毕竟则谓之空，旨趣虽同，而以精粗为浅深者也。
>
> 毕竟空是无常义。
>
> 出世间慧亦有深浅，无常则空，言初相，故先说无常，无常是出世间浅慧也。
>
> 无常是空之初门，破法不尽，名为不尽。若乃至一念不住，则无有生；无有生，则生尽；生尽，则毕竟空，是名为尽也。

罗什这些话的大意是，无常之说是很粗显的说法，是“空之初门”，因此是不究竟的，“毕竟空”才是“无常”的究竟义。“毕竟空”

就是“一念不住，则无有生”，也就是说无生无灭是“诸行无常”的究竟义。

关于无常与空的关系，僧肇在《注维摩》如此阐述：万物实相是不生不灭的，万物“若动而静，似去而留”，动即静，静即动，动静不二，其实说的也是无生无灭毕竟空的道理。僧肇这样就以不二法门深化了对“诸行无常”这一法印的理解。“若动而静，似去而留”——《物不迁论》这本极具哲学思想的论文就是集中论证这八个字的。

所以还不理解，没有体悟“无常”的人，还执著在事情、人情、社会、机会的稳定不变的人，是不会理解禅修对人生的实际含义，去参加各种形式的禅修，不过在骗人骗己，换一种形式娱乐而已。好像小孩子很开心地把遥控汽车当真车玩一样。

罗什师说“无常”是空的初相，修养就是为了契合本性，而本性是空。

所谓的“相”是“色相”。“相”不是形象，也不是念头中的各种心态，“相”是精神和外在物质不分裂，“色即是空”，精神肉体融合而产生的心中的现象。

“初相”就是刚开始产生的境界，在无常的心态中，产生的第一禅境。

佛法中的“三法印”中，“涅槃寂静”是说涅槃是空性，性空境界。

“诸法无我”是法空境界，法无主宰。法空就是人空，我空，一切皆空，所以正在修的人是空的，法也是空的。

“诸行无常”中的行是什么意思呢？广义上说是指身心，一切行为、思想的变化，包括脏腑的功能、念头、情绪、思维等等都是诸行。诸行里没有什么是不变的，吃饭、睡觉、思想，一切都是无常的，无常就是变化，《易经》中易的意思就是变化。

无常就是空，空有分别吗？空就是空，空包括了无常，比如说空是宇宙，无常就是太阳，是进入宇宙的一个初级通道。

空是人的本性，如如不动，不生不灭，不是依靠修得到的，但出世间的智慧亦有深浅。

智慧和空有什么差别呢？

空是宇宙法则，老子说的“自然无为”。

慧是空的法界，如何让人获得逍遥自在呢？老子说“无为而为不为”。

从生命的角度看身心灵，灵就是空性，灵性的空性如何不约束，逍遥自在呢？取决于心(大脑意识)，心态和灵性相应的能量就是智慧，故修养重视智慧。

只有智慧的能量才可以让我们当下的心契合本性。生活中心态和灵性分不开，心经说“色即是空，空即是色”。

无常是空的初相，这好像大海中的水一样，人们看到的无常现象是海水的表面的波浪，只是水深则静，相对外在的波浪尽管不停在变化，但水的本质不变，变化的只是深浅的差异而已。

我们现代人不重视精神的力量，不重视本性，所以往往被物质、欲望、人、事带着，苦乐交替，反复无常，漫无目的，无聊空虚。一味追求事业成功、权力财富，忽略了自己身心灵的修养，既不知道自己为什么来到世上，也不清楚自己到底有什么能量，一生被动地生活，被动地被安排，被选择，被淘汰。

身体健康是快乐的基础，没有健康的身体何谈快乐？心灵的健康可以让我们超越身体，超越时空，不受环境限制而获得安心自在，一个为欲所困的心灵是不存在安心和自在。

罗什师告诉我们，进入禅修就好像坐船去远方，虽然没有到达彼岸，但领会了无常的道理就是进入了空门，开始进入逍遥的禅境了。

达摩 一苇渡江

法身无相

公元526年10月。金陵长江边。浩瀚的江面上空无一人。

这一日，和往常一样，正午的太阳明晃晃地照着，好像能把人晒脱皮，阳光照着波光粼粼的江面，岸边芦苇丛生，渔夫们不知道都躲到哪里睡觉去了。

江边小路上缓缓走来一名高大的异域老僧，高耸的鼻梁，深邃的目光，胡子卷曲盘旋，身材魁梧，举止坦然，仪表非凡，只见他手持禅杖，一件破烂的袈裟迎风飘扬。

不远处尘土飞扬，马蹄声急，一队追兵正穿过幕府山，眼看过了山谷就到江边。老僧回头看去，哈哈一笑，此时两边山峰突然闭合，一行人被夹在两峰之间。为首的卫士长看到老僧，大喊："达摩法师，请您留步，皇上请法师回宫！"老僧头都没回，看了看江面，无一人一船，他抬腿及至江边，顺手摘了一根芦苇，把芦苇放在江面上，老僧轻轻一纵身，踏于芦苇之上，飘飘然渡过了长江。

众卫士眼睁睁看到达摩脚踏芦苇，飘然过江，张口结舌，目瞪口呆。

达摩法师在江中放声一颂：

心心心，难可寻，宽时遍法界，窄也不容针。

我本求心不求佛，了知三界空无物。若欲求佛但求心，只这心心心是佛。

我本求心心自持，求心不得待心知。佛性不从心外得，心生便是罪生时。

此老僧是谁？

说起来他大大地有名：菩提达摩（英文：Bodhidharma），意译为觉法。印度佛传禅宗第二十八祖，后为中国禅宗的始祖，故中国的禅宗又称达摩宗。他是"东土第一代祖师"，达摩与志公禅师、傅大士合称"梁代三大士"。

达摩师是南印度香至国王的第三个儿子，种姓刹帝利，本名菩提多罗，奉禅第二十七祖师般若多罗之命来中国传法。

据《五灯会元》中记载：

西天二十七祖般若多罗幼丧父母，行谊近似"常不轻菩萨"。约二十岁遇二十六祖不如蜜多，受法而成为西天第二十七祖。

得法后，行至南天竺香至国，香至国王崇奉佛乘，尊重供养，施予他无价宝珠。王有三子：曰月净多罗，曰功德多罗，曰菩提多罗。

祖欲试其所得，乃以所施珠问三位王子曰："此珠圆明，有能及否？"

大王子、二王子皆道："此珠七宝中尊，固无逾也。非尊者道力，孰能受之？"

三王子曰：

> 此是世宝，未足为上。于诸宝中，法宝为上。
>
> 此是世光，未足为上。于诸光中，智光为上。
>
> 此是世明，未足为上。于诸明中，心明为上。
>
> 此珠光明，不能自照，要假智光。光辨于此，既辨此已，即知是珠。
>
> 既知是珠，即明其宝。若明其宝，宝不自宝。若辨其珠，珠不自珠。
>
> 珠不自珠者，要假智珠而辨世珠。
>
> 宝不自宝者，要假智宝以明法宝。
>
> 然则师有其道，其宝即现。众生有道，心宝亦然。

祖叹其辩慧，乃复问曰："于诸物中，何物无相？"

曰："于诸物中，不起无相。"

又问："于诸物中，何物最高？"

曰："于诸物中，人我最高。"

又问："于诸物中，何物最大？"

曰："于诸物中，法性最大。"

祖知是法嗣，以时尚未至，且默而混之。及香至王离世，众皆号绝。唯菩提多罗于柩前入定，经七日而出，乃求出家。既受具足戒，祖告曰："如来以正法眼藏付大迦叶，如是展转，乃至于我。我今嘱汝，听吾偈曰：

心地生诸种，因事复生理。果满菩提圆，华开世界起。"

又曰："汝对于各种法道，已然博通。达摩就是博通的意思，你改名叫达摩。得法后，汝暂住印度。等我寂灭六十七年以后，汝到中国去，始传禅门妙法。"于是菩提多罗改号叫菩提达摩。

尊者付法已，即于座上起立，舒左右手，各放光明二十七道，五色光耀。又踊身虚空，高七多罗树，化火自焚。空中舍利如雨。

达摩恭承教义，在师父寂灭六十七年后开始远涉重洋，在海上颠簸了三年，终于到达了中国的南海。

这一年是公元526年9月21日。广州刺史萧昂备设东道主的礼仪欢迎他们，并且上表奏禀梁武帝。

武帝即派遣使臣奉诏到广州迎请，10月1日达摩等到达金陵。《景德传灯录》卷三所载梁武帝与达摩的谈话抄录如下：

帝问曰：朕即位以来，造寺写经，度僧不可胜纪，有何功德？

师曰：并无功德。

帝曰：何以无功德？

师曰：此但人天小果存漏之因，如影随形，虽有非实。

帝曰：如何是真功德？

师曰：净誉妙圃，体自空寂，如是功德，不以世求。

帝又问：如何走圣谛第一义？

师曰：廓然无圣。

帝曰：对朕者谁？

师曰：不识。

武帝低头不语，面带愠色。达摩见面谈不契，知道武帝与空性大乘之法没有领会，于是告辞出宫后，欲渡江至北魏。

至今，人们仍把幕府山达摩一苇渡江时夹住追兵的这座山峰叫做夹骡峰，把山北麓达摩休息过的山洞称为达摩洞。达摩"一苇渡江"后，在江北长芦寺停留，后又至定山如禅院驻锡，面壁修行。今日长芦禅寺内的一苇堂，就是为纪念达摩渡江后参拜长芦寺而建的。定山寺至今留有"达摩岩"、"宴坐石"、达摩画像碑等遗迹。定山寺成为禅宗重要丛林，被誉为"达摩第一道场"。

他一路游历，一个月后来到河南，11月23日，达摩到达嵩山，见少林寺群山环抱，森林茂密，山色秀丽，环境清幽，甚喜，于是觅到一处洞穴，面壁而坐，整天默默不语。

《景德传灯录》卷三载记载：

菩提达摩于梁武帝普通年间（公元五二六年）来到中国，初到广州，后被武帝迎至金陵。由于机缘不契，达摩遂潜渡北上。武帝经宝志禅师点醒，连忙派兵马随后追赶,欲请回达摩大师。无奈达摩心意已决,见追兵到来,便随手折下一叶芦苇,脚踏于上,过江北上。最后,止于洛阳嵩山少林寺,终日面壁,默然无语,一坐九年。"面壁而坐,终日默然,人莫之测,谓之壁观婆罗门"。

古人曾为达摩作偈云:

一苇渡江何处去?九年面壁等人来。

唐道宣《续高僧传》卷十六说达摩祖师"神慧疏朗,闻皆晓悟,志存大业,冥心虚寂。通徽彻数,定学高之","随其所止,诲以禅教"。

据史籍记载,达摩死后,还有灵验。北魏有一个使臣宋云从西域回国时,并不知道达摩已死。路过葱岭(以前对帕米尔高原和昆仑山、喀喇昆仑山脉西部诸山脉的总称,古代中国与西域之间的交通常经葱岭山道)时,见到达摩手里提着一只鞋,向西而去。宋云认识他,便问:"和尚到哪里去?"达摩说:"回西天去。"宋云回京,向皇帝报告了此事,皇帝觉得奇怪,便命令把达摩的棺材起出来看。据说,棺材里面只剩下一只鞋了。由此,又产生了达摩"只履西归"的传说。

万法唯识

那么至今被人津津乐道的达摩祖师一苇渡江的神通到底是真是假？达摩祖师真有这样的神通和能量，用一片芦苇可以横渡长江天险吗？

在原始佛教时期，佛教受古奥义书中的“禅定思想”影响。

在佛陀求道过程中曾师事瑜伽的先行者阿逻罗·迦罗摩和郁陀迦·罗摩子，佛陀从他学禅定，早期佛教所提出的四谛和三十七道品，许多是在定的基础上来阐发的。

大乘佛教进一步发挥成“定慧双修”，也就是谈止观，正与行瑜伽和智瑜伽有相似之处，都是由定入慧的。

中观派创始人龙树之后200年，大乘佛教产生了“瑜伽行派”，创始人无著、世亲均原为小乘“说一切有部”。二人在创立“瑜伽行派”教理时，对小乘学说进行了整理和发挥。“瑜伽行派”一名来自无著的（亦说是弥勒的）《瑜伽师地论》，意谓从事瑜伽禅定修习者。“瑜伽行派”在否定客观世界的同时，又肯定思维意识（阿赖耶识）的真实存在。主张“实无外境，唯有内识”“外无内有，事皆唯识”，认为现实世界的一切都是识的幻化。

“瑜伽行派”的出现是对龙树菩萨代表的中观学派过分注重哲理性佛教的改进。从教理上，它认为中观派在揭示世界空性方面极为彻底，但却忽视了世俗界迷妄之现状的说明。“瑜伽行派”同样注重传统的戒定修持手段。

《瑜伽师地论》中把修行的境地分成十七层，甚至比印度传统的婆罗门教瑜伽派还要缜密。包括了佛说的三乘（声闻、缘觉、菩萨）法门，即全部大小乘的教法。最胜子的《瑜伽师地论释》中说：“谓一切乘、境、行、果等所有诸法皆名瑜伽，一切并有方便善巧相应义故。”他随后广引各种经教证成此义，认为“瑜伽”一名包括全部佛法，一切三乘行者及诸佛如来，都可名为“瑜伽师”或“瑜伽行者”。

从佛教经典来看，“瑜伽”其实是一个重要的名词。有许多印度大乘佛教的论典都以瑜伽命名，其中如《瑜伽师地论》《分别瑜伽论》是中期大乘“瑜伽行派”的重要典籍。这个“瑜伽”当然不是指我们现代风行的瑜伽。“瑜伽师”是指心与正理相应的修禅（尤其指观禅）者，也即一般所说的“禅师”。

到了后期大乘密宗盛行，更广泛应用瑜伽一名，有许多以瑜伽为名的经典。在这里瑜伽是指持诵密咒令身口意三密相应，以达到不可思议的成佛境界。

达摩祖师就是大乘唯识学派了不起的“瑜伽师”成就者。

《瑜伽经·威力》中列举了“瑜伽行者”得三摩地后所得各种超人能力（神通），大乘佛教也认为修瑜伽最后能证三乘之果，即阿罗汉、缘觉和佛三种果位。在证最后果位之前也可先得超人威力，即六种神通（天眼通、天耳通、神足通、他心通、宿命通、漏尽

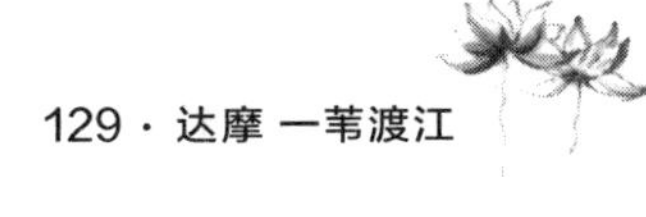

通）。其中前五通与婆罗门教瑜伽派等相似，漏尽通为佛教所独有。此中神足通（神境通）又分能变通、能化通两种。能变通有十八变，即振动、炽然、流布等；能化通有三化，即化为身，化为境，化为语。

龙树菩萨在《方便心论》，列举“瑜伽外道”有能小、为大、轻举、远到、随所欲、分身、尊胜、隐没等“八自在”。又在《大智度论》中列举佛教有能小、能大、能轻、能自在、能自主、能远至（此又有飞行远至、此没彼出、移远为近不往而到、于一念中遍到十方四种）、能动（六种或十八种震动）、随意等“八神变”。

唯识学派的修法特点是内修唯识观，外修瑜伽功。

达摩祖师来到中国后，和中国本地的功夫相结合创造了以瑜伽为基础的达摩功夫。达摩西归后，少林僧人在祖师的遗物中发现一个胶封的铁箱，里面有两部以梵文著作的经书，这两部书就是著名的功夫经典：《易筋经》与《洗髓经》。

少林《易筋经》原序所载，易筋经原来“非东土之文章，是西方之妙谛”，易筋经是达摩祖师传下来的一部上乘的功法，融禅学、武术、医学于一体。

“易”是变化、脱换；“筋”则是在骨节之外肌肉之内，遍布四肢百骸的人身经络；“经”即运动的方法。

修炼达摩易筋洗髓内功心法，有五反原则。五反包括：“反意念，反丹田，反时空，反气场，反偶像”。此五反原则就是禅武心法的特色。

例如反气场：气有三，在外为吐纳之气，在中为气血之气，在内为真元之气。此气人人固有，无须外求，如佛性人具足，只要内修，便能明心见性，向外觅菩提，恰如觅凤角。

再如反偶像：迷则凡，悟则圣。圣凡之别，只在迷悟之间。众生皆有佛性，一日顿悟，即心是佛。

练就此功可使神、体、气三者合一，即人的精神、形体和气息有效地结合起来，通气脉，调脏腑，开经络，从而达到不可思议之境界。

二入四行

中国禅以菩提达摩为中国始祖，故称达摩宗，又称为佛心宗。

达摩面壁九年后，撰《二入四行论》形成独特的“达摩禅”，主张“理入”和“行入”并重，他将佛学的学理和禅学的实践融汇。

二入四行论，已不再局限于四禅八定的修习，或仅限于教法的传授，包含了对众生的终极关怀到对人间苦难的关注，从出世到入世的倾向，证明了佛教出世入世的不二圆融，深入世间，和众生紧密联系。

我们如果没有领悟达摩“二入四行论”的道理而盲目追求《易筋经》与《洗髓经》的功夫，只能在身体上得到一些帮助，就像我们只学打太极拳，而不领会太极无为的思想一样，舍本逐末。

夫入道多途，要而言之，不出二种：一是理入，二是行入。

理入者：谓借教悟宗，深信含生同一真性，但为客尘妄想所覆，不能显了。若也舍妄归真，凝住壁观，无自无他，凡圣等一，坚住不移，更不随文教，此即与理冥符。无有分别，寂然无为，名之理入。

行入谓四行，其余诸行悉入此中。何等四耶？一报冤行，二随缘行，三无所求行，四称法行。

云何报冤行？

谓修道行人，若受苦时，当自念言：我往昔无数劫中，弃本从末，流浪诸有，多起冤憎，违害无限，今虽无犯，是我宿殃，恶业果熟，非天非人所能见与甘心甘受都无冤诉。经云：逢苦不忧。何以故？识达故。此心生时与理相应，体冤进道，故说言报冤行。

二随缘行者：

众生无我，并缘业所转，苦乐齐受，皆从缘生。苦得胜报荣誉等事，是我过去宿因所感，今方得之，缘尽还无，何喜之有？得失从缘，心无增减，喜风不动，冥顺于道，是故说言随缘行。

三无所求行者：

世人长迷，处处贪著，名之为求。智者悟真，理将俗反，安心无为，形随运转，万有斯空，无所愿乐。功德黑暗常相随逐，三界久居，犹如火宅，有身皆苦，谁得而安？了达此处，故舍诸有，止想无求。经曰：有求皆苦，无求即乐。判知无求真为道行，故言无所求行。

四称法行者：

性净之理，目之为法。此理众相斯空，无染无著，无此无彼。经曰：法无众生，离众生垢故；法无有我，离我垢故；智者若能信解此理，应当称法而行。法体无悭，身命财行檀舍施，心无吝惜，脱解三空，不倚不著，但为去

垢，称化众生而不取相。此为自行，复能利他，亦能庄严菩提之道。檀施既尔，于五亦然。为除妄想，修行六度，而无所行，是为称法行。

~达摩祖师著《二入四行观》(敦煌本)~

达摩在论中开宗明义地指出"入道多途"，即证得真解脱道（入道）是有多种途径的，有"二入"，即"理入"和"行入"。

"行入"包括"报怨行""随缘行""无所求行""称法行"四项内容。重视内外并行，成就无自无他，凡圣一如的不二智慧。

达摩禅另一个明显的特点，是般若中观思想的体现，其中论中引用标明的《佛藏经》《诸法无行经》，虽未标明经名而引用最多的是《维摩诘经》，此外有《中论》《金刚经》等般若类经典，以及僧肇的《肇论》。因此可以说，达摩是非常重视般若中观思想的，他的禅法主要理论基础就是般若中观思想。

此外菩提不离自心，出世入世不二思想，这也是达摩禅中的显著特点。达摩主张菩提不离自心，所谓修行，不应处处外求，而应直探心源，达到内心的觉悟。同时，菩提达摩与其弟子反对修行完全脱离社会，脱离现实生活。基于般若空义和不二中道学说，他们提倡烦恼即是菩提的思想，要人在平常的日常生活中达到觉悟。《二入四行论》中的"四行"就是让人在日常生活中达到觉悟解脱，这也是中国禅宗生活禅的思想源头。

史书记载的达摩弟子只有道育、慧可、僧副和昙林诸人。达摩将衣钵传给慧可，其中昙林是达摩"二入四行"说的记录者。北魏永平元年（公元505年）至东魏武定元年（公元543年）期间，昙林曾在洛阳和邺都参与译经事业，任笔受。周武灭法，他与慧可护持经典，被盗人砍去一臂，人称“无臂林”。他学识渊博，禅、教并重。

从达摩撰《二入四行论》、僧璨撰《信心铭》、弘忍撰《最上乘法门》等思想来看，这些祖师他们既融会了大乘佛法的不二思想，也包含了一些小乘的禅观法门，以不二精神来融会贯通各种禅法和修证。

三界唯心

心生则种种法生 心灭则种种法灭

唯识学派修法之基础六经：《解深密经》《华严经》《大乘阿毗达摩经》《如来出现功德庄严经》《楞伽经》《大乘密严经》。

达摩除传授弟子“二入四行”的禅法外，又秘传《楞伽经》四卷授慧可，对他说：“我观汉地，唯有此经，仁者依行，自得度世。”

四卷《楞伽经》全名《楞伽阿跋多罗宝经》，是早期唯识派重要经典之一，讲世界万有皆由心（如来藏及其受“无始虚伪恶习所熏”形成的识藏）显现，虚妄不实；文字不能“显示”真谛，要远离“一切妄想相、言说相”；众生皆有如来藏自性清净心，是众生成佛的内在根据。达摩教导弟子参照此经的思想认真坐禅修行，重视内心觉悟，而不要受当时佛教界风气的影响一味地追求读经解经。慧可门徒更持此经，游行村落，不入都邑，行头陀行。他们主张“专唯念慧，不在话言”，实行以“忘言、忘念、无得正观”为宗旨的禅法，逐渐形成独立的一种派别，被称为楞伽师，并成为以后禅宗的先驱者。

“三界唯心”是说明世界和人生本源的问题，属于《楞伽经》的哲学核心内容。人有“八识”，包括原始佛教以来形成的眼、耳、鼻、舌、身五识，和相当于今天所说的概念知觉、思维的第六识以及第七识末那识（第七识是第六识的根源）和第八识阿赖耶识。“阿赖耶识”这一识在佛经中被视作世界的一切精神本原，以其为诸法之根本，故亦称本识；以其为诸识作用之最强者，故亦称识主。此识为宇宙万有之本，含藏万有，使之存而不失，故称藏识。又因其能含藏生长万有之种子，故亦称种子识。所谓“二无我”，指“人无我”和“法无我”，是大乘佛教的基本思想，也是《楞伽经》所追求的最高境界。

《楞伽经》中另外一个重点就是“如来藏”。“如来藏”意指一切众生都藏有本来清净的如来法身，也即佛性，该经解释道：“寂灭者，名为一心；一心者，名为如来藏”，强调修者要“知自心见”，“自身内证”，或“入自心寂静境界”。该经认为，如来藏自性清净，但由于它被世俗的虚伪恶习所染而名为“识藏”，所以它“虽性清净，客尘所覆故，犹见不净”。这一“如来藏”思想对达摩禅有着重要的启发作用，达摩禅的理论根据为“深信众生同一真性，客尘覆故，令舍伪归真”。“同一真性”，指的就是如来藏佛性，由于它常为客尘所掩盖，故要面壁修行，以达到去“客尘”而见清净佛性，如来藏思想不仅影响了楞伽师，而且对中国禅宗意义深远。

后世将《楞伽经》《圆觉经》《维摩诘经》并称为禅门三经。

十方丛林

《景德传灯录》卷三有注释云达摩为二祖说法，祇教曰：

外息诸缘，内心无喘，心如墙壁，可以入道。

我们比较熟悉佛教宗派这个概念，但印度佛教是以学派为主，没有宗派的概念，从原始佛教到部派到中观再到唯识，都是以学派为单位。

而中国佛教以宗派佛教为主，因此，僧众们见面的时候，会问你去了什么寺庙？很少人有人问你用什么法门修行？或者你去的寺庙是什么派的？很少人问你去的寺庙用什么修法度众生？

这说明了中国佛教界和中国有佛教信仰的人比较注重外在的形象，真正的修行需先打破外相和内相，外相就是外在的形象，包括寺庙在什么山上，是什么宗派？ 如果还停留在外相、内相里，就很难脱离迷信。

有多大的佛、寺庙大小、有哪些有名气的大和尚等全部是外相。又比如，我们心中产生了我的修法最好，别的修行法门不如我的好；我们念的佛最有用，我们修行的作用最大，我们的禅法最殊胜等这些都是内相，真正想修的人不应该追求外相与内相。还有人执著的内相，是他认为自己已经进入深层的禅定、冥想，感觉到各种喜乐现象，观音菩萨讲法，喝到甘露水，全身气脉打通，出现各种神通，可以看见别人的前生后世等，这些执著的内相很容易让人走火入魔，不是真正的修行境界。换句话说，凡是执著这些的，修行上也很难解脱。

印度的学派的学是法的意思，学派是指参究的思想和方法，在一种思想和方法下修行的团体。印度具备了修行的社会环境，人以追求精神和灵性为荣耀，国家尊重修行人，目前中国的社会文化以物质追求为主，因此有钱人、没钱人在没有信仰的情况下都不安心，互相不信任，缺乏幸福感。

南北朝以后中国南北佛教学风因战争长期分裂而各偏执一方，北方僧讲究坐禅、修行、造像等宗教实践，南方僧则偏重教理义学玄谈。单重实修不讲义理难免堕于无知；只究义理不讲实修，亦会有失偏颇。此时智者大师及其师南岳禅师慧思深鉴时弊，强调"智观双运""定慧双修"，以求均平。智者大师提出了"三谛圆融"学说，他对佛教经典和其他学说以方便圆融为名，将修法和道家的丹道、炼气以及儒家的人性论相调和，消溶了几百年的南北偏好，树立起独创的不同于印度佛教学派的中国第一宗派——"天台宗"。

智者大师（公元538～597年），陈隋时代的高僧。俗姓陈，祖籍颖川（今河南许昌），宿具善根，卧便合掌，坐必面西，见像便礼，逢僧必敬。双眼重瞳，颇有古帝王之相。

年轻入光州大苏山参拜慧思禅师，慧思禅师为其示现普贤道场，讲说“四安乐行”，一日，持诵《法华经》“是真精进，是名真法供养”，豁然大悟，心境明朗。慧思禅师赞叹说：“这种境界，非你莫证，非我莫识。”

三十岁的智者大师受慧思禅师咐嘱，到南朝陈都金陵弘法，居瓦官寺宣讲《法华》，标立宗义，判释经教，演绎禅法，八年弘法，度人无数，上至皇亲国戚，下至黎民百姓等，无不顶礼膜拜。

虽从者如云，但智者大师感慨真正悟道的人却很少。为求进一步证悟，他决定隐居天台山。十年苦修，修为大进。天台止观法，是智者大师独创的法门。智者大师禅教不二，是大乘的菩萨行者。

开皇十一年（公元591年）智者大师为晋王杨广授菩萨戒，杨广自称“弟子所以虔诚遥注，命楫远迎，每虑缘差。值诸留难，亦即圣上心路豁然，乃披云雾，即销烦恼”，智者大师为杨广取法名曰“总持菩萨”，杨广则奉智者为“智者大师”，这年杨广23岁，智者大师54岁。

晋王杨广虽年幼，但明白佛教对政治的利用价值，之所以拜智者大师为师，就希望利用智者大师对群众的影响力，但无奈智者大师修行人不愿接受晋王的政治控制，和杨广纠缠了六年，表现出修行人不为欲动的境界和令人惊叹的胆量。

杨广一而再，再而三地邀请、命令、威胁智者大师来京城，希望智者大师的影响力为其政治的稳定作出贡献，在杨广软硬兼施的不断要求下，智者大师拖无可拖，最后为保全天台僧众的发展，决定启程。行至石门，乃云有疾，谓弟子智越等曰：“大王欲使吾来，吾不负言而来也，吾知命在此，故不须进前也，石城是天台西门，天佛是当来灵象处所，既好宜最后用心”。亲书给晋王，并将其遗著《净名义疏》三十一卷交付给杨广，事毕，自结趺跏坐羽化，春秋六十。

智者大师给晋王的遗书，对自己一生弘法作了总结，其中提到了平生“六恨”遗书云：“贫僧初遇胜缘，发心之始，上期无生法忍，下求六根清净，三业殷勤，一生望获。不谓宿罪殃深，致诸留难，内无实德，外招虚誉。学徒强集，檀越自来，既不能绝域远避，而复依违顺彼，自招恼乱，道德为亏，应得不得，忧悔何补。令著《净名疏》，不揆暗识，辄述偏怀。玄义始竟，麾盖入谒，复许东归。而吴会之僧，咸欣听学。山间虚乏，不可聚众。束法待出，访求法门，暮年衰弱，许当开化，今出期既断，法门亦绝。莲花香炉、犀角如意，是王所施，今以仰别，愿德香远闻。”

遗书嘱请杨广为其师慧思作碑颂，又“乞废寺田为天台基业”，并请度僧，“为作檀越主，此等之事，本欲面咨，未逢机会奄成遗嘱，亦是为佛法为国土为众生”，希望杨广护持天台僧团。

杨广收到智者大师遗书时“五体投地，悲泪顶受”，十分悲痛。“远拜灵仪，心载呜咽”，对大师提出的所有要求全部照办。

仁寿四年（公元604年）十一月，杨广即皇帝位，即隋炀帝。天台僧团即遣智璪奉启称贺。大业六年（公元610年）十月，炀帝命柳顾言为智者大师制碑。天台僧团在隋炀帝的大力扶植下，独立成为中国佛教第一宗派。

天台宗以后在隋唐时期中国佛教相继产生了八大宗，历史原因如下：

(1)在两晋南北朝时期,出现了不少讲法说法的高僧,形成各种传承,各种修法,为创立宗派奠定了理论基础。

(2)隋唐时期,寺院收入进一步稳定,僧众成了大地主,拥有田产,也有当铺,还放高利贷,为了维护自身利益,僧众采用世俗宗法体制传承,师父在传法的同时也将资产、土地传给掌门人于是形成各宗派。

(3)隋唐时期,在国家的支持下,佛教进入全盛时期,僧人有免役免税的特权,译场由国家建设,成绩显著。皈依者众,为了适应不同根器信徒的需求,需要有不同的理论和修法。

这些原因下,佛教最终形成八大宗派,有天台宗、三论宗、法相宗、净土宗、华严宗、律宗、密宗、禅宗。

每个宗派都有自己的寺庙、田地、独立的修法、独特的生活方式和戒律,有自己的财产。随着寺庙财产最多,佛像越造越大,寺庙的佛像越庄严越容易得到信众的供养,这种靡风,自唐始。但当寺庙越来越注重外相时,真正的修行就越来越少了,大家只看到庄严的东西时,佛教的根本精神就淡漠了。

因此惠能禅师激烈批评了这种现象,进一步强调修行的内究。修行的真正要点不是关心寺庙、佛像的大小。行住坐卧都是修行,除了自己的身体和基本衣食以外,不需要其他东西,由于他当时的社会情况过分追求外相,所以他更深地强调修内,以求平衡。

惠能禅师所创始的中国禅,从修禅的角度来看,特点是日常生活与修禅打成一片。这一点与小乘的禅法、天台宗止观禅法、神秀的北宗禅法等生活中单提出修禅的宗派有较大的不同。他们都重视打坐，在一天生活当中，除了吃睡等基本生活和研究经典之外，尽量多安排时间打坐。他们把修禅和生活学习分成不同的事情，所以打坐时与平时的精神状态不一样。而惠能主张的定慧不二禅法，打坐时与平时，虽然外在的形态不一样，但是内在意识是没有差别的，就是在分别意识当中也能保持无分别之禅定状态，这与《维摩诘经》宣扬的“不舍道法而作凡夫事”、僧肇提倡的“终日凡夫，终日法”的“道俗一观”不二法门的境界，是一脉相承的。惠能的这种定慧不二禅观，经过玄觉禅师“行亦禅，坐亦禅，语默动静体安然”等第一代禅师们的弘传后，到马祖道一，就更明显地演变为“平常心是道”的生活禅。

太虚大师说：

中国佛教的特质在禅。任何一宗，均可汇归禅的精神。

中国宗派佛教和印度学派佛教虽然形式有别，但佛法无别。佛教的基本教义，主要是：缘起、三法印、四谛、八正道、十二因缘、因果业报、三界六道、三十七道品、涅槃，以及自成一体的密宗法义等。其中“缘起法”为佛陀开悟发现的特有教义，佛经中说缘起有十一个意义。

大乘《分别缘起初胜法门经》中演绎出缘起十一种要义：

1.“无作者义”——世上没有造物主。
2.“有因生义”——事必有因。
3.“离有情义”——因缘之外别无实体。

4.“依他起义”——依赖客观条件才能存在。

5.“无动作义”——只有因缘和合,而无启动者。

6.“性无常义”——因缘所在,本性无常。

7.“刹那灭义”——事物不会永恒,即生即灭。

8.“因果相续无间断义”——虽然生灭刹那,但因果相续,无有间断。

9.“种种因果品类别义”——不同的事物就有不同的因果关系。

10.“因果更互相符顺义”——什么因结什么果,因与果永远相符。

11.“因果决定无杂乱义”——因果之间的关系,自然法则,不会错乱。

佛陀的佛法根本教化的本质是人本主义的,发现和挖掘人的本性。魏司道(Johannes G. Vos)在《基督教与世界宗教》一书中指出的那样,“佛陀并不像许多印度的思想家,对于思辨哲学的问题发生兴趣。他所注重的是今日所谓心理学,他所追求的是以心理学来解救人的困难。他相信人的根本困难不在思想,乃在感情,特别当他的欲念未受严格控制的时候。他并不相信任何真神,并主张祈祷是完全无用的。”

从中土佛教发展史来看,八宗派表现出四类不同的研究和实践倾向:并重义理和实践,重视他力信仰,偏重经典义理,偏重实践法门。

如天台宗并重义理和实践,净土宗重视他力信仰,三论宗重通达义理方面,而禅宗重视不立文字的顿悟法门,表现得似乎更为独特。

我们想要修学佛法，必须选择自己相应的，无论想精通任何一门修法，得到佛菩萨的智慧、能量，都需要长时间的忍耐、精进和足够的信心。现代人容易贪多，既想追求密宗的神秘，修法丰富多彩，又有喜欢禅宗的直指人心，如果抱着这样的心态讨价还价评头论足，最终是没有成就的。修佛法如此，修功夫、做事业也同样。

中国禅历史上，大量在家人、普通妇女等一悟彻悟，这在别的宗派是很难想象的，中国禅还有一个别派所不具之关键，即大量的祖师公案和检验方法，比如狗子无佛性、云门饼等成百上千，弟子需将公案密意一一透过才得经认可。在这些公案中，草木、鸡鸣、星月、身影、花开、艳诗等等皆可成开悟因缘，浑然天成。禅独特的平常心是道，明心见性，不立次第，直透法身，彻证法身清净之时，同证报身，化身，一气呵成。一悟即彻，生死自由。

达摩传《二入四行》法和《楞伽经》予二祖慧可，慧可再传三祖僧璨，再至四祖道信、五祖弘忍、六祖惠能，终于一花五叶，盛开秘苑，成为中国佛教最大宗门，后人尊达摩为中国禅初祖。

偈曰：

吾本来此土，传法救迷情。
一华开五叶，结果自然成。

慧可 罪无自性

心如墙壁

白雪皑皑的少室山五乳峰下，北风肆虐，大雪纷飞，数九寒天，冰天雪地中，呆呆跪立一人，雪已埋膝，但他如入定般一动不动，已经三天三夜了。

达摩祖师端坐洞中寂然面壁，对洞外的事物仿佛视而不见。他们两人就如同洞里洞外的两尊泥塑一般。

尽管祖师不理不问，尽管寒风凛冽，冻入骨髓，但那人心中坚定："昔人求道，敲骨取髓，刺血济饥，布发掩泥，投崖饲虎。古尚若此，我又何人。"

此时达摩祖师已经在少室山面壁九年，平时多有人，慕名来求法拜师，他哪里理会得了？因此无论外面的人怎么等，也只管打坐根本不看，但随着一天天过去，那人依然在风雪中屹立，丝毫没有懈怠，达摩心中飘过一丝欢喜。

十二月九日清晨，整晚的大雪将人的大半个身子都埋进雪中，达摩虽然不理洞外的事情面壁而坐，但外面的一举一动皆入法眼，此时，天光渐亮，祖师于坐中飘然转身，面朝洞外，看着跪立了几天几夜，几乎奄奄一息的雪人，心生怜悯，问道："汝久立雪中，当求何事？”

那人见到达摩终于说话了，唏嘘不已，良久大声回答道：“唯愿和尚慈悲，开甘露门，广度群品。”

达摩道：“诸佛无上妙道，旷劫精勤，难行能行，非忍而忍。岂以小德小智，轻心慢心，欲冀真乘，徒劳勤苦。”

这意思是说你别跪着了，诸佛所开示的无上妙道，须累劫精进勤苦地修行，行常人所不能行，忍常人所不能忍，方可证得。岂能是小德小智、轻心慢心的人所能证得？若以小聪明，试试看这样的心来求真正的大法，只能是痴人说梦，妄自辛苦，不会有结果的，快回去吧。

达摩祖师利口利心，看似轻描淡写的几句话，却是一击而中，直达要害。

听了达摩这番话，为了表达自己不得大法至死不休的坚定求法的决心，那人腾地站起身来，拔出佩刀，“咔嚓”一下砍断了自己的左臂，然后强忍巨痛哆嗦着用右臂将断臂呈上达摩的面前，以示他求法的虔诚，一时间鲜血染红了雪地。达摩心中感动，知道自己面壁九年来要等的大法器，今日终于现身了，便说：“诸佛最初求道，为法忘形，汝今断臂吾前，求亦可在。”意思是，诸佛最初求法的时候，都是舍身求法。而今你在我跟前，也效法诸佛，断臂求法，必定能成。

于是欢喜为他赐名“慧可”。

慧可问道：“诸佛法印，可得闻乎？”

达摩道：“诸佛法印，匪（非）从人得。”

慧可听了很茫然，说：“我心未宁，乞师与安。”

达摩答道：“将心来，与汝安。”

慧可听完，当时怔在那里，心在哪里？我的心在哪里？在山里？在河中？在天上？在地下？心到底是什么？怎么左右里外都抓不住，找不到？当你感觉它的时候，它一下子又跑到别的地方去了；当要去找心时，它就已经不是我的心了。那我的心在哪里？

慧可沉吟许久，答：“觅心不可得。”

达摩于是笑道：“我与汝安心竟。”

慧可听了达摩的回答，豁然大悟。原来自己一直找不到的心根本不是什么实在的心，也没有一个实在的“不安”存在，安与不安，全是自己的妄念妄想。

中国禅后人礼佛除了“双手合十”外，至今还有“单手礼佛”的做法，便是为了纪念二祖慧可禅师当年断臂求法的事迹。

《宝林传》卷八载唐·法琳所撰《慧可碑》文，记载慧可向达摩求法时，达摩对他说：求法的人，不以身为身，不以命为命。于是慧可乃立雪数宵，断臂表示他的决心。这样才从达摩处获得安心的法门，而“立雪断臂求法”也成为禅宗一个经典公案而广为流传。

一苇渡江何处去，九年面壁等人来。

罪无自性

慧可禅师（公元487年～公元593年），俗姓姬，虎牢（又作武牢，今河南成皋县西北）人。北魏孝明帝年间，在虎牢关下，有一户姬姓人家，全家都是道教的虔诚信徒，姬老爷年过不惑仍然无后，于是四处求医问道，终于如愿以偿，夫人顺利生出一个男儿。孩子出生时，屋内闪出一道青光，光亮无比，在场众人瞠目结舌，姬老爷却兴奋不已，给孩子取名为“神光”。

神光自幼志气不凡，为人旷达，博闻强记，广涉儒书，尤精《诗》《易》。长大之后，随父母信了道教，他天资颖慧，无论是儒家经典还是道家藏经都能过目不忘，更精通易理玄学，后来接触了佛典，感到佛学超然物外，怡然自得，遂出家。

他至洛阳龙门香山，依止宝静禅师，后受具足戒。再后开始游学，学习大、小乘佛法。

三十二岁那年，神光回到香山，多年游历虽学到许多佛学义理，但依然无法彻悟生死，他放弃了偏重义理知见的修法，开始进入实修。在香山，他自己搭建一个茅棚，日夜打坐，几乎不吃不睡，一心不乱，修习禅定。

转眼八年。一日，在定中，神光突见一位神人站在跟前，告诉他说：“将欲受果，何滞此邪？大道匪（非）遥，汝其南矣。”意思是你想证得真法，不要老是执著于枯坐，大道离你不远，你往南方去吧！

第二天开始，神光感到头疼难忍，头骨开裂，再也无法上坐，他找到宝静禅师，师父告诉了他这是护法神的点化，当宝静禅师还在思考如何给他治疗头疼时，神光又听到空中有声音告诉他：“这是脱胎换骨，不是普通的头疼。”于是忙告诉师父。宝静禅师上前一看他的顶骨，果然三花聚顶，于是说：“这是吉祥之相，你必当得道。护法神指引你往南方去，我听闻南方少林寺来的那一位天竺高僧，名达摩，精通大乘佛法，以‘壁观’为修行法门，正坐在嵩山五乳峰的一个山洞里。老僧已久闻达摩法名，不胜心向往之，你快快前去拜师求法吧！”神光于是匆忙辞别了宝静禅师，前往少室山。

神光到达少室山时正值达摩面壁闭关九年期满，他被神光舍身求法所感动，收入门中，改名“慧可”，将自己平生所悟禅法精髓秘授予他。慧可留在师父身边学习，时间长达六年之久（亦说九年），透彻地理解了大乘佛法及禅法的要义，达到了理事圆融、苦乐无碍的境界，达摩禅的精髓在《楞伽经》及“二入四行”法门。“壁观”又称

"理入",认为一切众生都具有同一真性,只是受到虚妄的"客尘"障蔽,才陷入迷误,不知自身的真如本性。因此要通过"外息诸缘,内心无喘",才能"心如墙壁,可以入道"。"四行"即是"行入",为如何在日常的行为中忍辱精进,求得心净,证得菩提。

据史料记载,达摩祖师圆寂后,慧可在黄河近边一带隐姓埋名、韬光晦迹,但因早年已驰名中原内外,许多仁人志士慕名前来求知问道,他只得应机说法,为众人开示心要,一时道誉甚广,为人尊崇。

慧可七十一岁时在山中遇到一位得了麻风病、生不如死的中年人。《景德传灯录》三有记载:

居士年逾四十不言名氏。聿来设礼而问师曰弟子身缠风恙,请和尚忏罪。

师曰:将罪来与汝忏。

居士良久云:觅罪不可得。

师曰:我与汝忏罪竟,宜依佛法僧住。曰今见和尚已知是僧,未审何名佛。

师曰:是心是佛,是心是法。法佛无二,僧宝亦然。

曰今日始知罪性不在内不在外不在中间,如其心然佛法无二也。

大师深器之,即为剃发。云是吾宝也,宜名僧璨。其年三月十八日于光福寺受具,自兹疾渐愈,执侍经二载。

大师乃告曰:菩提达摩(旧本云达摩菩提)远自竺干以正法眼藏密付于吾,吾今授汝并达摩信衣,汝当守护无令断绝。听吾偈曰:

本来缘有地　因地种华生
本来无有种　华亦不曾生

僧璨对“罪性不在内不在外不在中间，如其心然佛法无二”的理解深得慧可的欢心，当即为他落发，僧璨病愈后，跟随慧可二年，得慧可传衣钵予他。后成为禅宗三祖，著《信心铭》传世。

话说慧可传法僧璨后即动身前往邺都，韬光养晦，变易形仪，随宜说法，或入诸酒肆，或过于屠门，或习街谈，或随厮役，一音演畅，四众皈依，如是长达三十四年。

这三十四年，慧可不着僧衣，破衣草履，出入酒肆，喝酒吃肉，出入赌场妓院，夜宿街边，随意说法，形同乞丐。

曾偶有人，不解地问：“师是道人，何故如是？”也就是说师父啊，您是个出家人，有戒律，您怎么可以来这些不干不净的地方呢？

二祖干脆地回答道：“我自调心，何关汝事？”

一日慧可禅师来到山上一寺庙门口树下，开始讲法。禅师辩才无碍，虽破衣草履，但日复一日来听他禅法日渐增多。当时有个叫辩和的法师，在寺中讲《涅槃经》，他的弟子信众因为听了寺门前慧可禅师的讲法，渐渐地都不进来寺院听他讲经了，辩和不胜恼怒，于是找邑宰翟仲侃诽谤，说有乞丐在寺前妖言惑众。翟仲侃听信了辩和的谗言，立即派人抓了慧可禅师入狱，不久当众斩首，慧可禅师怡然顺受，毫无怨色，识者谓之偿债。时年一百零七岁，寂于隋文帝开皇十三年（593年），唐德宗谥大祖禅师。

《景德传灯录》三有记载：

皓月供奉问长沙岑和尚。古德云:“了即业障本来空,未了应须偿宿债。”只如师子尊者二祖大师,为什么得偿债去?

沙曰:“德不识本来空。”

月曰:“如何是本来空?”

沙曰:“业障是。”

曰:“如何是业障?”

沙曰:“本来空是。”

月无语。

沙以偈示之曰:

假有元非有,假灭亦非无。涅槃偿债义,一性更无殊。

六道轮回

印度佛教的轮回论认为所谓死亡，只是此期生命形式的消失，我们离开这个世界，却离不开六道轮回，离不开火宅般的三界。在出离生死之前，生命仍将延续，所做的种种业力，也将跟随着并影响着我们。“六道”，即指天道、修罗（神）道、人道、畜生道、饿鬼道、地狱道，在六道之中，生来死去，死去生来，便称为轮回生死。“三界”即指欲界、色界、无色界。

轮回是由于“业”而得到“报”，那什么是“业”呢？即人的行为，主要指身、口、意三业。“身业”是身体的行为，“口业”是种种言说，“意业”是精神意识的行为。“业力”则专指过去包括前世所表现的行为，而导致的结果。

佛经云：“众生之诸业，百劫不毁坏，因缘聚合时，其果定成熟。”佛教认为三世轮回的主体是“阿赖耶识”，阿赖耶识是种子识，它不是像灵魂那样的主体，它是能够聚合业力的种子，因而它是一种业力的聚合体，不断亦不灭。生命接触种种境缘后，产生种种的善恶行为，这些行为后果的种子又回薰于阿赖耶识，储存于阿赖耶识。当肉体死亡时，阿赖耶识最后离去，而在生命体投胎转世时，他又最先投生,因此阿赖耶识是轮回的主体根本。人在轮回途中,因阿赖耶识中的种子而显善恶境界,随遇各种缘而上升善道或堕于恶道,这些都是根据其中的业力而定。

《圆觉经》里说:“一切众生,从无始际,由有种种恩爱贪欲,故有轮回。”只要我们有恩爱贪欲,就逃不出轮回。轮回,是生与死不断循环的过程,印度人认为处于轮回中的生命是不完美的,因为生灵要接受永恒的轮回,在世间遭受每一期生命的痛苦也就是无穷的。

这种轮回论跟随佛教一起传入中国,大部分佛教徒误认为六道生死轮回就是佛法,所以念佛、修持、布施都是为了消业。达摩禅其中关于对于罪、业的认识和说法有了根本的改变。

在达摩以前,中土就有禅学流行,分别为安般、五门、念佛、实相禅四类;达摩用四卷《楞伽经》传宗,苏轼《楞伽经后记》说:“《楞伽经》,先佛所说微妙第一真实了义。故谓之佛语心品。祖师达摩以付二祖曰:‘吾观震旦所有经教,唯《楞伽经》四卷可以印心,祖祖相授,以为心法。’”

达摩禅的贡献在于认为一切众生同一真性,为客尘烦恼所障,不能显现。这也是《楞伽经》所反复阐明的主旨。

杨彦国说:“不灭真相,即达摩所传之一心也。明灵虚彻,亘古亘今,究竟本源,无有间杂。……是道也,非从他得,祇是家珍,目前历历狐明,认著依前埋没,不须取舍,本自圆成,但离妄缘,即是实际。佛语心品明此而已。”

《楞伽经》关于本性本自圆成之义与达摩理入思想完全一致。达摩禅对于后世创立禅宗的意义在于,以《楞伽经》和“二入四行的理论中“诸佛心为宗”作为立宗的宗旨和经典依据,不同于“依教悟

心禅”时期以某些经典修习禅法、禅观的做法，具有划时代的开拓意义。因此禅宗由达摩至四祖道信又叫“佛心宗”。

达摩面壁九年等来的慧可禅师是一个意志无比坚定的大德，他一生多难，但无论世人对达摩禅如何不理解，甚至视为“魔法”，或者遭到菩提流支、光统律师徒党的毒害，抑或被辩和律师勾结悬令“非理损害”，甚至求法的过程中为求正法不惜断臂，包括曾与昙林共护经像，乞食供养“无臂林”等无数磨难，他志求及弘扬佛法的心从未改变。

达摩禅强调万法一如，众生与佛不二。一切众生同一真性，客尘所覆，犹见不净，但离妄缘，即是实际。悟入即此一心，本来具足。

达摩认为人的生命中“心”的能量最大，无论前世的罪业如何显现，关键是当下的心如何对待。我们每个人的生命在地球上是很渺小的，但在宇宙中，我们生活的地球又实在微不足道，宇宙是一切时空的集合体。在古印度婆罗门教“三界”说中，现在的宇宙只是欲界的一部分，还没有包括色界、无色界。而对比佛法说的“三千大千世界”，所谓“三界”的说法和佛法的“三千大千世界”比起来又是微小的。

《华严经》云“**一切唯心造**”，大心可以生出宇宙万物，但心离不开大脑意识，在正念的带动下，可以成就天地一样大的心，《维摩诘经》阐明，人在恐惧时心小如微尘，可如果人的心大起来，一切佛土，过去、未来、现在都在此心中。

菩萨畏因，众生畏果。菩萨恐遭恶果，预先断除恶因。慈悲济度，功德圆满，直至成佛而后已。众生不明就里，常作恶因，欲免恶果，每见无知愚人，稍作微善，即望大福。一遇逆境，便谓作善获殃，无有因果，佛法不灵。所谓因果、业报关键都是你当下的心。

佛教的最终目标，是解脱、超越、自在、涅槃，希望人们能够从现实中离苦得乐，达到自由和解脱的“涅槃”境界。涅槃是超越现象无生无灭的一种精神境界。所谓无生的境界，就是超越轮回，不受生死之苦的境界，那么怎样才能超越轮回呢？当看清六道轮回之苦，并产生出离之心，“汝当求出离，得此佛说教。以恒坚实志，奉行次法规。如象推草寮，摧破死主力。当舍生死轮，灭苦尽无余。”依法将烦恼如草屋般摧毁，进而除去我执，打破自我中心的迷思，从轮回中解脱出来。

《楞严经》云：

> 佛告阿难：汝常闻我毗奈耶中，宣说修行三决定义，所谓摄心为戒。因戒生定，因定发慧，是则名为三无漏学。

所谓终极解脱修行三决定义，即为戒、定、慧三学。

戒，是一种规则，它能帮助我们戒掉不良的习气、不好的行为；定，就是一心不乱；慧，表现为正知正见，了解事物的本来面貌。

戒、定、慧三学，是根治贪、嗔、痴的利器，是使人们脱离罪业的法门，是我们求得解脱的道路。由于戒行的精严，正知而住，使心不为七情六欲所动，进而得定，由定而离欲，依定而发慧，而自离烦恼，解脱自在。

我们每个人都希望自己能够幸福安乐，不愿贫困痛苦。但人一旦来到世间就必须经历生、老、病、死等各种痛苦，快乐是短暂的。

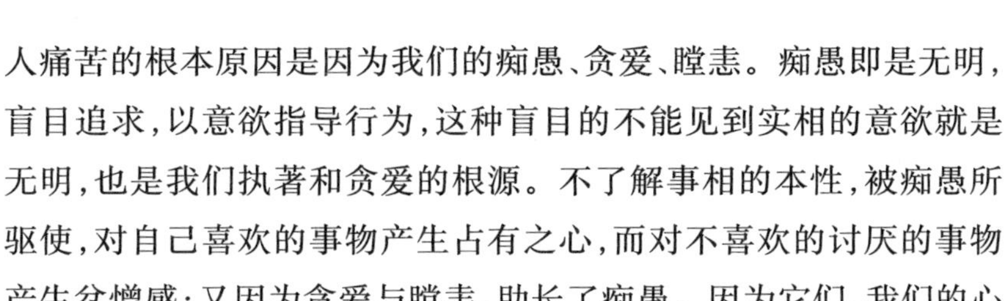

人痛苦的根本原因是因为我们的痴愚、贪爱、瞠恚。痴愚即是无明，盲目追求，以意欲指导行为，这种盲目的不能见到实相的意欲就是无明，也是我们执著和贪爱的根源。不了解事相的本性，被痴愚所驱使，对自己喜欢的事物产生占有之心，而对不喜欢的讨厌的事物产生忿憎感；又因为贪爱与瞠恚，助长了痴愚。因为它们，我们的心灵扭曲痛苦。

我们常常会认为这件事情、这笔财富、这个人是属于我的，这就是由痴愚、贪爱、瞠恚三毒构成的每时每刻的我执。人执著于占有、控制，以及自大、自满、自私、自卑、贪婪……或者自我意识太强，有情众生为了满足自身的欲望而做下或善或恶的业，如此种种造成了的苦难。

之前已种下罪业，如何解脱？对于过去不明真理，不得其法时已然造下的种种罪业，可以借由当下的心来转化，达摩强调的这种心，就是人人皆有的佛性，即是人人可以拥有的天地一样广阔的大心。不分别，不计较，不执著。唯有明白这个道理才能从生命的煎熬痛苦之中超拔出来，才是究竟常乐的清净生命。

《入楞伽经》说："如来藏是清净相，客尘烦恼垢染不净。""如来藏自性清净，具三十二相，在于一切众生身中，为贪、嗔、痴不实垢染、阴界入衣之所缠裹。如无价宝，垢衣所缠。"

"一切众生自性，本来具足"，这就是《楞伽经》的主旨，也是达摩禅的心法。

僧璨 不二皆同

不二皆同
無不包容

承上启下

要急相应　唯言不二
不二皆同　无不包容

中国禅三祖僧璨大师是禅宗发展史上承前启后的一位关键人物，受命于佛教危难之时系禅宗法脉于一身。在艰苦卓绝的条件下，传承和发展了禅宗，并将一生修为心得著《信心铭》开启后人，首创文字表述禅宗思想。

达摩至五祖弘忍的禅观主要是《楞伽经》中所提示的禅观法门。达摩自称“南天竺一乘宗”，以四卷本《楞伽经》传授弟子，主张“理入”和“行入”并重，即把对宗教理论的悟解和大乘禅学的实践在生活中结合。但是从他们的著作——达摩撰《二入四行论》、隋僧璨撰《信心铭》、唐弘忍撰《最上乘法门》等思想来看，他们都融会了大乘佛法的主要禅观精神，也包含了一些小乘的禅观法门，都是以不二精神来会通佛法的各种说法。

天平二年(公元535年)，僧璨在山中遇见慧可。僧璨当时是个居士。关于他的身世，《楞伽师资记》用了八个字来概括——“罔知姓位，不测所生”。

当时僧璨已经四十多岁了，并且得了麻风病。遇到慧可后悟道，二祖赐法名“僧璨”，当年三月十八日，即前往光福寺受了具足戒，他的风疾也神奇般好了，他伴随师父两年多的时间学法受教。

一日慧可将法衣传给僧璨，并叮嘱：“汝受吾教，宜处深山，未可行化，当有国难。”

僧璨道：“师既预知，愿垂示诲。”

慧可云：“非吾知也。斯乃达摩传般若多罗悬记云‘心中虽吉外头凶’是也。吾校年代，正在于汝。汝当谛思前言，勿罹世难。然吾亦有宿累，今要酬之。善去善行，俟时传会。”

意思说不是我预知有难，而是达摩祖师传下来的般若多罗尊者所说之悬记“心中虽吉外头凶”中所预言。我推算，当发生在近期，你要好好修我传你的法，不要陷入这场法难。我前世负有宿债，现在是偿还的时候了。你自己保重，等机缘成熟，把我们的心法传下去。

二祖付法完毕，即离开司空山，前往邺都酬债。僧璨谨遵师训，没有出外弘法活动，在山中隐修，韬光养晦十余年，往来于司空山和皖公山（今安徽潜山县西部）之间，竟无人知晓。隋文帝开皇十年（公元590年），才正式驻锡山谷寺，公开传经布法，教化四众。他在隐居天柱山期间，常在这座崖下面壁修"壁观"，因此，这座崖被称为"达摩崖"。石上刻有"解缚"两个大字，这是当年道信求僧璨给他"解缚"的地方。

隋开皇十二年（公元592年），天资聪慧过人的十三岁的沙弥道信来山谷寺拜谒僧璨，当时僧璨正在洞里参禅。道信闻言开悟。从此，留在三祖身边侍奉十二年。僧璨在这期间只收了道信一个弟子，后僧璨传衣法给道信，道信成为中国禅四祖。

据《楞伽师资记》记载：

> 璨禅师隐思（司）空山，萧然净坐，不出文记，秘不传法，唯僧道信，奉事璨十二年。

僧璨、道信是中国禅的三祖、四祖。中国禅五祖弘忍居黄梅东山，教众云集，史称"东山法门"。惠能来自广东，密受弘忍衣法南归，为中国禅六祖，开创"顿悟"禅风。自此，中国禅大开宗门，兴盛于世。

在中国禅发展史上，僧璨承上启下，危难之际，为传承禅法作出了巨大贡献。他创新了禅法"以心相传，不立文字"的法规，以其毕生心得终成《信心铭》，奠定了中国禅的理论基础。

僧璨大师寂于隋大业二年（公元606年）。入寂前，僧璨禅师云:“余人皆贵坐终,叹为奇异,余今立化,生死自由。”

意思说一般人都把坐着入灭看得很神奇,认为这样的灭法很了不起,很奇异,我今天要站着灭,以示禅法生死自由,来去随心,说完,便用手攀着树枝,站立而化。后谥“鉴智禅师”。

三祖僧璨在世的时候,虽然没有公开弘扬祖师禅法,但是他为后人留下的这部《信心铭》却对后世中国禅的发展,产生了极为深远的影响。他是三祖当年的所悟所证,极大地帮助后人树立起修习祖师禅的正知正见。《信心铭》字字珠玑,对禅修者来说,极富指导意义。如果我们能把它背诵下来,并时时任意拈取其中一句,生活中细细品味,将会从中获得极大的利益。

中国禅修学指导的原则,实际上在大乘佛法的修学,无论是哪一宗哪一派或者是我们常讲的八万四千法门,门门要想成就,都不能够违背这个原则,所以这篇文章变成佛门里面非常重要的文献之一。

禅的源头可以追溯到从释迦牟尼佛拈花微笑传给大迦叶尊者,所以迦叶尊者是西方第一祖,第二祖阿难尊者,这样代代相传,传到达摩是西方第二十八祖,达摩来到中国来算是禅宗初祖,达摩传给慧可,慧可在中国是二祖,僧璨是第三祖,僧璨再传给道信,道信再传给弘忍,弘忍传给惠能,为禅宗第六祖。中国惠能顿悟禅法后来又分出五个分支,即临济宗、曹洞宗、沩仰宗、云门宗、法眼宗。达摩祖师传法记里曾说:“一花开五叶,结果自然成。”

二祖慧可没有留文字,僧璨却开始做起了文章,《信心铭》只有五百八十个字,而且是用我们中国文章体裁里面的“铭”这个体裁,句法很整齐,四个字一句,有一点像偈颂一样,两句或四句做一首。

僧璨是不是违背了祖师“不立文字”的宗旨呢？从后期《大藏经》来看，文字最多也是禅宗，在续藏里面，禅宗的经论要占二分之一以上，都是禅宗祖师的语录，比其他任何一宗的文字都多，但禅宗这些文字，其实是直指人心的途径，他们的用意不在文字，不过是用文字来指点我们开悟，换一句话说，文字乃是工具不是目的，就像“德山棒”“临济喝”一样，是开悟的工具，不是把文字当作目的。

了知罪性本来无，绝后何曾得再苏。元是从前风恙病，被佗断臂强涂糊。

身心不二

《信心铭》继承了《维摩诘经》的身心不二和《道德经》自他不二的精神和思想。

身心不二是集中参究生命的精神和肉体之间的关系，通过实修得到身心不二的自在境界。自他不二是自己跟他人的关系，家族、同事如何和谐相处，快乐自在。在《信心铭》中更加发挥了身心不二的智慧，这种解脱智慧直接影响了后世禅修者的心态。自修自悟，不仅发挥了形而上学的理想境界，同时很重视阴阳和谐身体健康，

禅宗强调即心成佛，一切唯心造。这种理想如何实现呢？必须通过身体，健康的身体是精神稳定的基础。身体舒服的时候，精神会放松，容易进入禅定和冥想状态，定是如如不动，稳定的意思。就像没有风的湖水，镜子一样清晰，一旦起风，产生波浪，就不能清晰观照了。

修养的重点是修心，想要修心，必须先稳定身体，这分三个部分：

1. 平静五官，运动系统（外身）

修养老师一般不会让修者做激烈运动，打坐时肌肉、关节要放松，手足、眼睛、耳朵要清净，一切激烈运动都会让肌肉紧张。

2. 平静五脏六腑（内身）

（1）空腹。打坐时需要空腹，当胃肠有食物时，大、小肠、肾脏吸收，排泄，营养搬运，这些器官在工作，禅修越进入禅定状态，就越需要少吃，让器官静止。

（2）呼吸。打坐时空气需要清静，越进入禅定，越需要呼入清净的空气，平时正常情况下，全身细胞是苏醒的，可进入禅定时，身体的氧气只有平时一半或更少，如果空气不清净，身体会有很大反应。

（3）气。身体内部的气要平静，生命有三种气：气血、气脉和灵气。

气血是指气和血液一起产生的热气热量，没有气血，人体保持不了温度。而气脉是指任督二脉或三脉七轮里的气，没有打通气脉的人虽然看不到，感觉不到，但这些气在身体内发挥重要的作用。灵气在宗教里指灵魂、灵性，一切生命能量的源头。

打坐时必须先让气血的气平静，最妨碍气血平静的是人的情绪，情绪不平稳的人气血忽快忽慢，破坏身体功能，从心的角度来看，情绪是外在反应，它表面上直接影响气血的气，而里质直接影响到气脉的气。禅修者的思想如何不正确，直接影响气脉，思想就是修法。所以我们要先稳定情绪，再看清楚修法是否和自己契合。

我们调节情绪有许多方法，各个门派修法不同，但通常实修是直接从气开始修，所以看清楚和自己相应的修法靠的是领悟，实修如果没有明师指导，是很不安全的。

有了这两个基础，才可以讨论逍遥自在本性清净的状态，这就是灵气了。

明师、大德都是有慈悲心的菩萨，他们会济度那些具足善根、慧根的众生，但救助的方式，是以光芒引发世人的自性之光出来，也就是说，只是接引的功用，不是按钮，有什么需求一按钮一祈祷他们就出来；他们不是奴隶，所以如果我们老是临时抱佛脚，根本不济事，如同人没有脚，出门老是要人抱着一样。这些人临时祈祷，但发现明师、菩萨并没有出现应急帮忙，于是开始抱怨修法无效、受骗等。其实佛性之光，无处不在，但因我们众生的自性之光未透、未显，所以即便菩萨现身，你也是无法领会的，只会被八风带着团团转，跟着别人生气，跟着好话高兴——喜怒哀乐都被外境牵着，哪谈什么自性之光？

所以真正的禅修，一定是内定，但真正的内定，也不是由表面上的沉寂或活跃而判定的，一个明心见性的人，不会四处炫耀的，但不表示他不活跃。一个成道者的心境，根本不是凡夫心所能测度、想象而得的，除非你已得证，否则你纵然学富五车，才高八斗，也还是凡夫一个，没有办法揣测得知圣智。心法皆是以心传心的，没有什么文字规则的，文字只是游戏，因众生迷了，所以才假借文字，文字也是方便法。

禅法主要的目标就是希望帮助有生命理想的人，具足正信，破除邪知邪见，所以这篇文章的题目叫做《信心铭》。在这个时候，禅宗印心还是用《楞伽经》，达摩祖师到中国来之后，传授宗旨是以楞伽印心，五祖开始加了《金刚经》。修养最注重的就是信心，《华严经》云"信为道源功德母"，龙树菩萨的《大智度论》中，也引用华严经这句经文来强调信心的重要。信心要是不能够建立，修养就不会成就，而且在理解上也会有偏差，往往把这意思错解了，由此可知，信心乃是入德之门。这部经可分作四大部分，就是：信、解、行、证。

"信、解、行、证"四大要点中，重点是"信"；解与行是证，不证果无法传道，例如达摩祖师东渡中国，面壁九年只等到了一个慧可，慧可一生弘法，也只遇到僧璨这么一个人，而僧璨呢？也仅得道信一名弟子。传法必须是真正开悟，明心见性。我们要相信自己，自己的真心，与十方如来平等，平等无二无别，要相信自己的智慧与一切诸佛没有两样。信、解、行、证，是叫你先相信自己。

这信心不容易建立，我们喜欢相信心外之佛，相信看得见的佛相，庄严气派。但找一个能相信自己的人，太难了。六祖一开悟说"何其自性本来清净"，是说还没有想到自己自性清净心是这么清净，这就是相信自己了。修养必须是从自信入门，没自信的人永远在门外，即便把三藏经典倒背如流，解释得天花乱坠，还是在门外。

信心不二 不二信心

这句话可以说是这篇文章的心髓。不二就是一心，所以一心不乱才是信心，二心的状态下不会有信心。

我们听同样的法，为什么收获不同呢？主要看你是不是法器，具足信心的人才是法器，是法器一闻法就会接受，容易开悟。好像茶杯，不是法器就是个有漏洞的杯子，一边盛水一边统统漏光了，最后什么水也没留下。信心就是一个完美的法器，你能够接受"**愿解如来真实义**"，你才能解得真法，成就自己的法器。

菩提是本，烦恼是迹；涅槃是本，生死是迹等不二法门思想。菩提是入涅槃的前提条件，烦恼是生死轮回的原因。如果没有菩提，那涅槃境界也不能独立存在；如果没有烦恼，生死轮回也自然消灭。从禅修解脱的角度来看，如何理解烦恼和菩提，就产生如何修证的法门。

所以我们先有了具足信心才能得到正解，解了以后才有正行，行以后才能证得。"信、解、行、证"这四个层次离开信心什么都不能谈的，什么叫信心？信心就是不二，不二就是一心，僧璨禅师可以说把无上心法，一片苦心毫无保留地呈献给了我们。

《大珠禅师语录》卷上原文记载：

问："欲修何法，即得解脱？"

答："唯有顿悟一门，即得解脱。"

云："何为顿悟？"

答："顿者顿除妄念，悟者悟无所得。"

问："从何而修？"

答："从根本修。"

云："何从根本修？"

答:“心为根本。”

云:“何知心为根本?”

答:“《楞伽经》云:‘心生则种种法生,心灭则种种法灭。’”

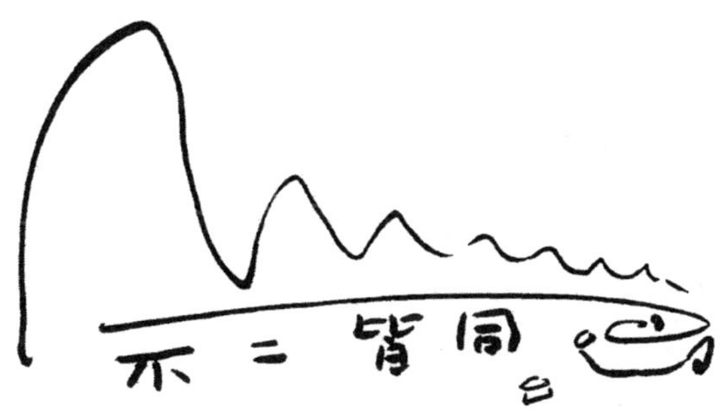

不二皆同

我们来共同参究一下僧璨禅师主要在《信心铭》中表达的思想心得吧。

至道无难 唯嫌拣择

这两句话是全篇文章的纲要，也是这篇文章的宗旨，可以说，信心铭的通篇内容离不开这两句。

什么叫“至道”？

《金刚经》说“是法平等”。

那怎么还有“至道”呢？

这两个字要搞清楚，“至道者理之极也”。理是什么呢？真理，就是经里面讲的真如，也就是自性。在佛经里面至少有几十种名词，又叫如如，又叫一心、又叫本性；楞严里面叫如来藏，叫常住真心，叫第一义谛。都是一样的。

人的本性觉了就叫菩提，本性迷了就叫无明。可以说菩提跟无

明是一件事情的两面，悟了叫菩提，迷了叫无明。所以祖师讲，烦恼即菩提，烦恼就是无明，迷了本性就烦恼，悟了本性就解脱，是一件事情的两面，不是两件事情。

僧肇："道远乎哉？触事而真。圣远乎哉？体之即神。"即"道"离人们遥远吗？任何事物都是道，佛（圣）离我们远吗？不，随时随地，任何事情都可以显现出佛法的真实作用，这就是表明大道不远，世间就是建立佛国的基础，无形而无不形的圣人（法性、真、本）就是我们心中的自性。

那"拣择"是什么？有分别心就有拣择，一切经讲的都是至道，八万四千法门也是如此，可人会在念佛时看到别人参禅，禅好像比念佛要级别高，又再看到学密的，那个更不得了，今生成佛。选来选去一场空。古来大德教人"一门深入，长时薰修"，你才能得佛法真谛。万法修的是什么？就是"佛法僧"三宝。惠能在《坛经》中说道"佛者觉也，法者正也，僧者净也"，佛法僧就是觉、正、净。我们有没有觉悟，有没有正知正见，有没有清净心？这三桩事情是一而三、三而一。如果得到正觉，他的知见一定纯正，他的心一定清净。如果你得到清净心，你一定觉悟，你不会迷惑，你一定是正知正见。

因此三祖开场就劈头提醒，至道就在面前，"唯嫌拣择"，不选择就见道了，就得道了，一选择就失掉了。选择是什么？是用妄心在选，真心里哪有选择呢？妄心才有选择，真心里头本来无一物，何处惹尘埃。如果我们用真心就没有烦恼了，烦恼是在选来选去的过程中产生的，没有选择就没有分别心，就没有执著心。

心开意解，心开就是开悟了，真正明白了，我们所以不能够解脱，是迷在这个六尘境界上，被六尘境界所系缚，毛病就在拣择。

从万法的本性上来讲，诸法都是没有独立自性，一切法平等无差别，正如《金刚经》所讲“是法平等，无有高下”，达到了这种无分别的智，就能够更清楚地观照一切事物的实相，所以叫做“万品俱照”。

毫厘有差 天地悬隔

三祖的这个意思是讲佛门广大，虽然说迷悟一如，如果你要是有憎爱、拣择的心，纵然一丝一毫的小差别，和真正的法就是天壤之别了。

禅修时带着拣择心，在一切法门里头有高下的心，有所选择，你要想开悟，要想明心见性，永远办不到。拣择就是分别执著，分别执著就是妄想，要想得到真正的心法我们必须除妄证真，信心清净，实相现前，这是三祖的一番苦心。

《信心铭》中还有一些内容，充分讨论了禅修是身心的各种状态，明确地引导我们如何运用《维摩诘经》身心不二的思想正确对待：

欲得现前 莫存顺逆

就是说修养者在进入禅定之前后，心中出现的一切现象都不要在意执著。修养的目的不是解决现在的问题，而是解决生老病死的根本问题，所以修法是要放下心中出现的各种现象。

万法平等，我们修的时候如果抱有“顺”和“逆”两种心，或者说喜欢和不喜欢的心，有此两种心，就修不成。有些人禅修开始时非常努力用功，但当修下去身心状态产生某些转变时，他就惊慌了，怀疑了，结果是一无所获。我们禅修时身体各种转变不用担心害怕。修可以让自己变得更成熟、沉着、稳定，更有智慧。

这种既想得到又害怕得到，既希望进入又怕进入，即兴奋又恐惧矛盾的心态是禅修的障碍。

顺与逆是相对的，因为有所喜欢就一定有所不喜欢，得不到爱就变成恨。这种矛盾心理带来烦恼，对于禅修者是大害。所以我们在禅修时要专注，一心不乱，不迷惑，这样便见道了。

违顺相争 是为心病

修养者一般刚开始修养时会很有信心发菩提心，可过了一段时间，有些人几个月，有些人几年，心里就会不舒服，难受，这叫心病，又叫禅病。因为这些人在修的时候，带着强烈的情绪。

一般人有不少藏在身体或内心深处的“爱”和“感觉”或者“毛病”，平时并不明显也显现不出来，在修时就容易暴露和激发，其实这些东西就是不良的种子，当身体最弱的时候，自然爆发出来，这些是好事，因为如果没有激发出来，一直就在身体里，慢慢地腐蚀、侵害身体，提前触发可以将问题暴露，但暴露时就表示修有了障碍。及时察觉，对症治疗，才能功德圆满，不让它妨碍未来的修行。

还有些人对法执著，产生的叫法执，又叫法病。这些执著在法里的人，修法时心存爱憎、患得患失。其实，自认为快开悟，自认为得道时，心已散乱了，又如何能开悟？

不识玄旨 徒劳念静

没有主观意识的人是很难修养成就的，达摩谓慧可："外息诸缘，内心无喘，心如墙壁，方可入道。"

修养最重视"玄旨"，玄旨就是法，如没有稳定的意识，坚强的决心，坚定的信心，盲目追求禅定、无念，是徒劳无功的。根本的宗旨是非常深奥、玄妙莫测的，僧肇认为，它既不能用语言来表达，也不是某一种想法所能够达到的，就是"言语道断，心行路绝"。所以要用心体悟。

我们想追求静，必须先懂如何静。身心、万物一切都是变化无常的。生死变化，寒暑更替，万物皆在运动，变化无常是人之常情，佛法叫"诸行无常"。

为了刻意追求静而静是静不下来的。如何在不断变化中保持清净的心，不贪念，不缠缚。那什么叫"缠缚"呢？什么叫"解缚"呢？贪恋于某种愉悦，包括禅定的愉悦，就是一种"缠缚"；能够随缘示现，以种种方便法门济度众生，这就是"解缚"。

罗什认为，动就是心起，心动就会产生种种的想法，所以叫做"惑心"。"惑心微起"，是说心动之后，人就会相应地去看、听、触摸，随之产生取相，这就叫做"动"。心动就必然会取相，取相深着，称

为“念”。“动”是始，“念”是终，“动”和“念”实际上是“始”和“终”的关系。

僧肇认为，欲望的发生是“动”，而对万法的执著，对“我”的执著则是“念”。如果根本就不动心，为“无念”。所以“不动则无念”，“无念则无分别”。无分别也是说对相的无分别，也可以说对一切法相无分别，也就不会取相、深执。如果能够懂得这样的道理，也算是入了不二法门。

静并不是与动对立的东西，并不是要舍弃动后才能有静，而应当在动中求静，万物实相是不生不灭的，他认为万物“若动而静，似去而留”，动即静，静即动，动静不二。

莫逐有缘 勿住空忍

缘就是缘分，禅修时要对所有缘分，所有人、事、感觉都随其自然，平等对待。

罗什对佛法的“有”“空”的解释：

佛法有二种：一者，有；二者，空。若常在有，则累于想著；若常观空，则舍于善本；若空有迭用，则不设二过，犹日月代用，万物以成。

有无迭用，佛法之常。

罗什强调不要偏重任何一方面，保持“空”和“有”中道的不二境界。如果偏重于有，思想很容易繁杂，因为我们通过六根认识的、感觉的现象太多，要一个一个分别而掌握根本的真理，这不容易。这样的过程中已经精神散乱，迷路于各种现象之中。

但如果不重视中道的不二精神，只想要把握住诸法的实相空性，这很容易忘记善本。罗什把善本解释为功德业，譬喻“犹日月代用，万物以成”之理来阐明平等对待空有之本才能佛法永久的道理。

万法都是从缘起而生，这种缘起之变化，有多有少，多少不同，但最少也是从二缘开始变化的。如果只有一缘，这就不能变化，所以是不可能的。因为一切法生都是基于二缘相对而生，这就叫做“不二法门”。

并重有门和空门，主张保持空有不二的平等对待精神，这样才能把握佛法的真理。

罗什说：

若直明法空，则乖于常习，无以取信，故现物随心变，明物无定性；物无定性，则其性虚矣。菩萨得其无定，故令物随心转，则不思议，乃空之明证。

这就是说，佛法的根本真理所在是诸法实相的“空”，而不是从空性本质上出来的各种现象的“有”，可是众生容易相信眼前看到的现象，而不相信从现象中看不到的诸法内在的“本性空”，因此为了度众生方便，设置于先有门后空门。

所以他比喻：

如一痴人行路，遇见遗匣，匣中有大镜，开匣视镜，自见其影，谓是匣主，稽首归谢，舍之而走。众生入佛法藏珍宝镜中，取相计我，弃之而去，亦复如是。亦如一盲人行道中，遇值国王子，坚抱不舍。须臾王官属至，加极楚痛，强逼夺之，然后放舍。如邪见众生，于非我见我，无常苦至，随缘散坏，乃知非我，亦复如是。

我们的心已证悟到一切平等，凡圣一如，没有任何分别、对立，也就是前面所说的不住空有。平等心意味在万事万物之间没有相对的观念，所有内、外，自、他，过去、未来等等对立都不存在，不再有分别对待。

三祖苦口婆心地将这些禅修、人生至理通过简短的文字告诉我们。《信心铭》虽然仅五百八十四字，但其句势如海浪相接而不遏，如空谷传音而不断。

信心铭

至道无难，唯嫌拣择。但莫憎爱，洞然明白。
毫厘有差，天地悬隔。欲得现前，莫存顺逆。
违顺相争，是为心病。不识玄旨，徒劳念静。
圆同太虚，无欠无余。良由取舍，所以不如。
莫逐有缘，勿住空忍。一种平怀，泯然自尽。
止动归止，止更弥动。唯滞两边，宁知一种。
一种不通，两处失功。遣有没有，从空背空。
多言多虑，转不相应。绝言绝虑，无处不通。
归根得旨，随照失宗。须臾返照，胜却前空。
前空转变，皆由妄见。不用求真，唯须息见。
二见不住，慎勿追寻。才有是非，纷然失心。
二由一有，一亦莫守。一心不生，万法无咎。
无咎无法，不生不心。能随境灭，境逐能沉。
境由能境，能由境能。欲知两段，元是一空。
一空同两，齐含万象。不见精粗，宁有偏党。
大道体宽，无易无难。小见狐疑，转急转迟。
执之失度，必入邪路。放之自然，体无去住。

任性合道，逍遥绝恼。系念乖真，沉昏不好。
不好劳神，何用疏亲。欲趣一乘，勿恶六尘。
六尘不恶，还同正觉。智者无为，愚人自缚。
法无异法，妄自爱著。将心用心，岂非大错。
迷生寂乱，悟无好恶。一切二边，妄自斟酌。
梦幻空华，何劳把捉。得失是非，一时放却。
眼若不眠，诸梦自除。心若不异，万法一如。
一如体玄，兀尔忘缘。万法齐观，归复自然。
泯其所以，不可方比。止动无动，动止无止。
两既不成，一何有尔。究竟穷极，不存轨则。
契心平等，所作俱息。狐疑净尽，正信调直。
一切不留，无可记忆。虚明自照，不劳心力。
非思量处，识情难测。真如法界，无他无自。
要急相应，唯言不二。不二皆同，无不包容。
十方智者，皆入此宗。宗非促延，一念万年。
无在不在，十方目前。极小同大，忘绝境界。
极大同小，不见边表。有即是无，无即是有。
若不如是，必不须守。一即一切，一切即一。
但能如是，何虑不毕。信心不二，不二信心。
言语道断，非去来今。

神秀 看心看净

三帝国师，两京法主

《大通禅师碑》写道：

> 久视年中，禅师春秋高矣，诏请而来。趺坐觐君，肩舆上殿。屈万乘而稽首，洒九重而宴居。传圣道者不北面，有盛德者无臣礼。遂推为两京法主，三帝国师。

这里说的禅师是唐朝武则天时期的高僧神秀（公元606～706年），中国禅五祖弘忍弟子，北禅创始人。原籍汴州尉氏（今属河南）人。少览经史，博学多闻。早年当过道士，五十岁时至蕲州双峰山东山寺遇弘忍，以坐禅为业，乃叹伏曰："此真吾师也。"后出家受具足戒。曾从事打柴汲水等杂役六年，以求其道，弘忍深为器重，称其为"悬解圆照第一""神秀上座"，令为"教授师"。

神秀师父弘忍俗姓周氏，黄梅人。与四祖道信并住东山寺，弘扬禅法，世称为"东山法门"。

中国禅一千多年来为了开悟是渐悟还是顿悟之事争论不休，好像印度小乘和大乘之间的争论一样。中国佛教虽有各个宗派，但整体归纳禅是根本，禅文化代表了中土的修行文化。

这场争论的源头就在五祖弘忍的二位高足：神秀禅师和惠能禅师。

相传当年弘忍为付衣法，命弟子们各作一偈以呈，神秀作偈云："身是菩提树，心如明镜台，时时勤拂拭，莫使惹尘埃。"弘忍认为神秀未见本性，未付衣法。密受衣钵予惠能，嘱惠能连夜归南，隐居达十六年之久，后定居韶关曹溪山，山中多虎豹，一朝尽去，远近惊叹，咸归伏焉。

"拈花微笑"公案表明禅法不立文字，教外别传，以悟为本。中国禅历史上开了悟的大禅师们，除了给要传法的弟子留个只言片语外，几乎不愿多说一句话，五祖弘忍就是这样的一个人，他在当时的情况下，果断地选择了不识字的惠能为六祖，这个选择是非常人可以理解的。

因为在四祖道信时，已经有几百人依从东山法门修学禅法，经弘忍与牛头山法融禅师的大力弘扬，加上唐太宗李世民也曾多次下诏请道信进京（虽没去，但足以在世人眼里显示东山法门的重要性），禅的思想已经在世间深为普及。

当惠能"本性常清净（这句后人改为：本来无一物），何处惹尘埃？"的偈子出现在弘忍眼前时，他毫不犹豫地放弃了跟从自己多年一直称赞有加的大弟子神秀，果断地选择了惠能为嫡传。

弘忍传下去的并不是达摩禅《楞伽经》为主的东山禅法，而是以《金刚经》为主的顿悟禅法。

弘忍卒于咸亨五年，神秀乃往荆州在江陵当阳山（今湖北当阳县东南）玉泉寺，大开禅法，声名远播。四海僧俗闻风而至，声誉甚高。武则天闻其盛名，于久视元年（公元700年）遣使迎至洛阳，后

召到长安内道场，肩舆上殿，亲加跪礼，敕当阳山置度门寺以旌其德。时王公已下及京都士庶，闻风争来谒见，望尘拜伏，日以万数，时年神秀已九十余岁。

中宗即位后，尤加敬异。中书舍人张说尝问道，执弟子之礼，退谓人曰："禅师身长八尺，庞眉秀耳，威德巍巍，王霸之器也。"

《景德传灯录》卷四、《五灯会》元卷二记载：

> 师迁江陵当阳山传法，缁徒靡然归其德风，道誉大扬。则天武后闻之，召入内道场，特加敬重，敕于当阳山建度门寺，以表旌其德。中宗即位亦厚重之，中书令张说执弟子之礼。师尝奏武后召请惠能，亦自裁书招之，惠能固辞，答已与岭南有缘，遂不踰大庾岭，禅门乃有"南能北秀"之称。神龙二年二月示寂于洛阳天宫寺，世寿一〇二。敕号"大通禅师"，为禅门谥号最早者。其法流兴盛于长安、洛阳一带。阐扬禅旨，力主渐悟之说，南宗禅惠能则主顿悟，故禅史上有"南顿北渐"之称。其门人道璇最早至日本，故日本初期之修禅者大多属其系统。法嗣有嵩山普寂、京兆义福等。门庭隆盛一时，世称北宗禅之祖。然其法流仅数代即衰微。

神秀禅师不愧为弘忍多次在人前认可的"吾度人多矣，至于悬解圆照，无先汝者"得法大弟子。在常人看来，神秀精通大乘教义，儒道庄玄，尽得东山真传，却最终被一个到东山不到一年时间、厨房打杂的、又矮又丑的文盲"抢"走了本该属于自己的法脉，实在是应该恼羞成怒才是。

因为在惠能出现前，神秀一直是东山门下首座，无数人拜服他，也有很多徒弟，就连《楞伽师资记》也把神秀认为七祖。(《楞伽师资记》将《楞伽经》译者求那跋砣认为初祖，菩提达摩为第二祖，慧可为第三祖，僧璨为第四祖，道信为第五祖，弘忍为第六祖，神秀为第七祖。)

尤其五祖弘忍入灭后，神秀门下禅师弘法大江南北，在京师腹地，影响极大。公元700年，武则天亲加跪拜之礼迎神秀入京时，惠能还不知道躲在哪里。

因此，摆在神秀面前一个要命的问题：他领的禅法，是否正宗？这并非单纯关乎他个人是不是正宗法脉，是不是"六祖"的问题，关乎的是众生慧命以及禅法精神。

武则天问九十多岁的神秀禅师："大师所弘法之长，是谁家的宗旨？"

神秀回答："贫僧是秉承的东山法门。"

武则天问："东山法门所据何种经典？"

神秀禅师答："《文殊般若经》一行三昧。"

神秀禅师的北禅法实质上就是自道信以来"一依《楞伽经》以心法为宗，二依《文殊般若经》的一行三昧"的参"念佛者谁"的念佛禅。

可当武则天要请神秀为国师时，神秀却淡然地说："我没有这个资格，传承师父衣钵的是师弟惠能。"这需要多大的胆量、勇气？直面权倾天下的女皇，说自己非师父正宗传人？

这也是惠能的名字第一次正式传到统治者耳中，也为南禅法后来一统江山奠定了政治基础。这份大心，非圣人大德不可为。

《六祖坛经·顿渐品》第八记载：

> 师（惠能）谓众曰："法本一宗，人有南北，法即一种，见有迟疾；何名顿渐？法无顿渐，人有利钝，故名顿渐。"
>
> 然秀之徒众，往往讥南宗祖师不识一字，有何所长？
>
> 秀曰："他得无师之智，深悟上乘，吾不如也。且吾师五祖，亲传衣法，岂徒然哉！吾恨不能远去亲近，虚受国恩。汝等诸人，毋滞于此，可往曹溪参决。"

神秀还尝奏则天，请追惠能赴都，惠能固辞。神秀又自作书重邀之，惠能谓使者曰："吾形貌短陋，北土见之，恐不敬吾法。又先师以吾南中有缘，亦不可违也。"竟不度岭而死。天下乃散传其道，谓神秀为北禅，惠能为南禅。

神龙二年（公元706年）神秀在天宫寺逝世，中宗赐谥"大通禅师"。

《宋高僧传》记述说：

> 士庶皆来送葬，诏赐谥曰大通禅师，又于相王旧邸造报恩寺。岐王范、燕国公张说、征士卢鸿各为碑诔。服师丧者名士达官不可胜纪。门人普寂、义福并为朝廷所重，盖宗先师之道也[1]。神秀死后，中宗诏弟子普寂代领其众。普寂屡蒙恩诏，居止西京兴唐寺。

---

①《宋高僧传》卷八《唐荆州当阳山度门寺神秀传》。

神秀示众偈《景德传灯录》卷四记载：

一切佛法，自心本有；将心外求，舍父逃走。

他以“心体清净，体与佛同”立说。因此，他把“坐禅习定”“住心看净”作为一种观行方便。

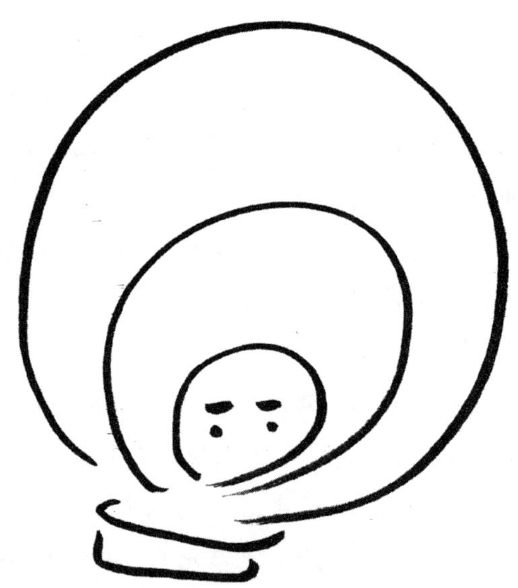

东山之法，尽在秀矣

初祖达摩谓慧可：

外息诸缘，内心无喘，心如墙壁，方可入道。

这个思想和神秀提倡的“凝心入定，住心看净，起心外照，摄心内证”思想一脉相承。达摩传下来的《楞伽经》思想是以渐修为主的禅法，和惠能提倡的顿悟禅不同。一个师门下怎么会出现两个不同的禅法呢？可以说五祖弘忍同时具备了渐、顿两方面的能量，也重视到两种禅修方法对时代的需求性。

那为什么五祖弘忍会传出渐、顿两个不同的禅法呢?

唐贞观十九年(公元645年)正月二十五日,去西域游学十八年的玄奘法师(公元602－664年)回到首都长安,满城百姓闻声奔集。二月一日,谒谛于洛阳宫,太宗迎慰殷勤。然后,即返长安,入居弘福寺,开始了他长达十九载壮伟的译经生涯。

同年,当时并没有多大名气的和尚道信,在长江北黄梅(今湖北黄梅县)双峰山传法,接引四方学众。三十余年间,影响渐大,双峰山逐渐形成为一个新的佛教中心。

作为中国四大译经师之一的玄奘,本身又是法相宗(唯识宗)的创始者;道信后来则被尊为禅宗四祖,也可以说是经过三祖僧璨禅师的忍辱负重、承上启下后,禅法在道信时期真正开始广为传播。两个同时期的人在中国佛教史上都造成了深远影响,但他们前后境遇的对比却颇富戏剧性。

玄奘后半生备极尊荣,在朝廷支持下他编译了大乘般若类经典为一部六百卷大丛书《大般若波罗密经》,又系统传译了无著、世亲等大乘佛学高峰时期瑜伽行学派的唯识论书,从而在中国译经史上作出了巨大的成绩。他著述宏富,高足众多,法相宗盛极一时。但玄奘圆寂后,这个盛极一时的宗派仅二传即绝(宗派虽绝但唯识思想一直流传至今)。

道信当年传法僻居一隅,虽然《续高僧传》中说他"入山来三十余年,诸州学者,无远不至",实际其弟子除弘忍外只有寥寥数人,其作品留存的只有被录入敦煌本《楞伽师资记》的一个短篇《入道安心要方便法门》。可他死后仅几十年,禅宗势力范围迅速扩展,到武则

天久视元年（公元700年），神秀入朝，武则天说："若论修道，更不过东山法门《楞伽师资记》。"

此后，在众多佛教宗派中，这个曾经法系不明、著述单薄、身分低微的小宗派却在朝廷推崇下迅速发展起来，成为唐代整个思想界的主流。

敦煌本《楞伽师资记》是记录自《楞伽经》译者求那跋陀罗至神秀弟子普寂禅门八代传承的过程，但其中关于道信的篇幅占了全文一半，主要是著录《入道安心要方便法门》，可见道信在禅宗史上的地位。

道信《入道安心要方便法门》一开头就说：

> 为有缘根熟者，说我此法，要依《楞伽经》诸佛心第一……

道信提出新禅观的理论基础是他对心性的认识，他说：

> 夫身心方寸，举足下足，常在道场，施为举动，皆是菩提……离心无别有佛，离佛无别有心。念佛即是念心，求心即是求佛。所以者何？识无形，佛无相貌。若也知此道理，即是安心。常忆念佛，攀缘不起，则泯然无相，平等不二。入此位中，忆佛心谢，更不须征。即看此等心，即是如来真实法性之身，亦名正法，亦名佛性，亦名诸法实性、实际，亦名净土，亦名菩提、金刚三昧、本觉等，亦名涅槃界、般若等。名虽无量，皆同一体，亦无能观、所

观之意。如是等心，要令清净，常现在前，一切诸缘，不能干乱。何以故？一切诸事，皆是如来一法身故，住是心中，诸结烦恼，自然除灭。

～《楞伽师资记》～

道信直截了当、简单明确地把佛、佛性、正法、诸法实性、实际、净土、菩提、金刚三味、本觉、涅槃、般若等等佛法所宣扬的一切，归于“一心”。佛教徒那千经万论的繁琐论证、六度十地的烦难修持，也就这样被统一了。

自部派佛教以前就产生的“心性本净”观念，在六朝佛教时曾被发挥。但是，以前的各种佛教学派、宗派，无论它们如何肯定众生本来就具有佛性，都主张人的心性向佛性靠拢要经过修持的过程。道信却简单地把心、佛统一起来，从而建立了一个彻底的解脱观。这是佛教思想的一大变革。

“东山法门”一方面继承了达摩禅的心性论特色，另一方面将心性思想更多地与般若空观相结合，有随缘任用的倾向。这似乎可以看作“东山法门”心性思想的二重性。由于“念佛心是佛，妄念是凡夫”，道信禅法提出为“五方便”，这五种善巧方便的方便法可简单概括为题目“入道安心”四个字；达到这个目的则要“修心”“住心”“看心”“敛心”，这个思想是全新宗教实践。

道信说：

亦不念佛，亦不捉心，亦不看心，亦不计心，亦不思惟，亦不观行，亦不散乱，直任运，亦不令去，亦不令住，独一清净，究竟处心

自明净。或可谛看,心即得明净。心如明净,或可一年,心更明净;或可三五年,心更明净。

在这里,道信明确指出了两种修法,前一种为任心自运的方便般若,后者则是静坐敛心、渐次修净的次第法门。

达摩禅"二入四行"论的核心是"理入",这与道信主张的"离心无别有佛,离佛无别有心","当身本来清净"的观点是相一致的。"四行"的实践,也可看作是"安心"、"守心"的具体化。达摩教诲弟子慧可"如是安心,谓壁观也;如是发行,谓四法也;如是顺物,教护机嫌;如是方便,教令不著",实际上与道信的"安心方便"相通。达摩禅在理论与实践上都是与"东山法门"相一致的。

弘忍接受了道信禅法,道信死后,他在双峰山东十里建立寺院,接引学众。后人称颂他"既受付嘱,令望所归,裾屦凑门,日增其倍。十余年间,道俗受学者,天下十八九。自东夏禅匠传化,乃莫之过"(《传法宝记》)。可见"东山法门"在当时的巨大影响力。

当时弘忍的主要思想有两点:

(1)《楞伽师资记》记载:

> 弘忍云:"以澄心静虑为法门。"
>
> 弘忍说:"坐时平面端身正坐,宽放身心……住佛境界,清净法身,无有边畔。"

这也是继承道信"调适身心"的方法,与传统禅法是不相同的。

(2)弘忍继承并发展了道信禅法之"随缘"的一面。《楞伽师资记》记载:

弘忍云:“明其观照,四仪是道场,三业咸为佛事。盖静乱之无二,乃语默之恒一。”

这是动静不二、语默不二、世间出世间不二的精神境界。

弘忍好像并没有将这两种有差别的修法统一起来,从“东山法门”所坚持的“一行三昧”之念佛净心、守心静坐法门观之,“随缘任用”所依之般若空性思想并非能够轻易落实到修行实践上。弘忍深知这种二重性的矛盾状况,使门人开始诵《金刚经》,到了惠能那里,就只以《金刚经》为传法的正宗。因弘忍思想的分歧,达摩禅出现分裂,故后来神秀、惠能所形成的南北之争,源头可上推于其师。“东山法门”原本含有二重性。

六朝以来发达的佛教义学,被“东山法门”一举而截断众流,树立起全新的学风与宗风,推动起彻底变革佛教的新潮流。

李华说:“天台止观是一切经义,东山法门是一切佛乘。”

宗密说:“经是佛语,禅是佛意。”

新兴的“东山法门”是适应时代变化的全新的佛教,反映了社会的新的思想潮流。

隋唐之后起的另一些佛教宗派虽然也与朝廷有密切关系,如天台宗之受重于隋帝;法相宗、华严宗之受重于唐廷,这些都成为它们各自发展的依靠。

而崇信“东山法门”的人的情况却大有不同。它的信众不仅包括历来作为佛教传统的主要社会基础的豪门皇族,从神秀禅师被尊为三帝国师,即表明他达到了上层阶级的最顶峰,而且还包括在当时社会变动下涌现出的新人物以及觅举求官的寒士。

神秀学识渊博、禅法精深，他继承和发扬了达摩禅的精髓思想，并在弘扬禅法方面取得巨大成就，开北禅一派，使禅风影响深入京洛，一度被僧俗两界尊称为“禅宗六祖”。以神秀禅学思想为代表的北禅对惠能南禅的发展产生了重大影响，北禅作为对南禅的有益补充，推动了禅宗在佛教中国化进程中主流地位的确立。

神秀的巨大成就，一方面得益于他在弘忍门下的多年精进忍辱修行，另一方面也得益于其早年丰富的游学经历，神秀不仅对传统佛教经典融会贯通，而且也注重了对道家文化的兼容与吸收。北禅法以“一切众生皆有佛性”为理论基础，称“心为万法之本”，在此基础上，高度重视坐禅修定，在修法上继承了达摩禅主张“观心看净、渐次证悟、心体离念”。

北禅的坐禅修定和南禅直了本心的禅风有效互补。在宗派林立的隋唐时期，禅宗之所以能够一枝独秀地取得中国佛教主流地位，正是因为神秀所倡导的渐修法门以及北宗的官禅背景对禅宗的整体发展起到了补充和完善。

“东山法门”就是把“不立文字，教外别传”的禅法，通过有佛经依据，有修行模式，发展成了让一般修行人能接受的禅法。神秀年轻时即志向高远，决意超越俗世，因求禅而拜东山门下，早年儒家正统教育及后来息习禅定揉使之然，实为“东山法门”正统继承人。

神秀主要著作有《观心论》《大乘无生方便门》《秀和尚劝善文》《秀禅师七礼》《圆明论》《大华严经疏》和《妙理圆成观》。

当年弘忍禅师曾叹道：“东山之法，尽在秀矣。”命之洗足，引之并坐。

神秀灭寂后，弟子普寂禅师、义福禅师两大弟子在帝王的支援之下,继续阐扬道信的念佛禅的宗风,盛极一时,有“两京之间,皆宗神秀”,“北宗门下,势力连天”之感慨。直到南禅马祖道一禅师出现后,北禅法门一统天下的地位才被真正动摇。

拂尘看净，方便通径

现在许多禅修者认为，惠能的顿悟禅是最正宗的禅法，惠能是禅的大成就者，神秀的北禅是次等的禅，不如顿悟禅法高深、精妙。

惠能灭寂后，弟子神会曾开无遮大会论定南北宗优劣，以神秀之禅由方便入为渐门，以惠能禅直指人心为顿门，于是有南顿北渐之分。后南禅一统天下。我们现在看见的禅宗，基本是惠能禅师的子孙们弘扬的禅法，自然对神秀禅师的评价有失偏颇。但我们现在口头上说的顿悟禅，其实已经不是当年惠能禅师提倡的"顿悟禅"。

无论在释迦牟尼、龙树菩萨、达摩还是惠能时期，真正能通过顿悟禅法得道者寥寥，几乎都是渐修禅心。

惠能禅师在《坛经》中提出，顿悟禅法是最上根器者才能成就。下根器之人适合念佛，依靠外力往生极乐。中根器之人懂得一些道理，会辨别选择一些修法解脱，但放不下太多东西，家庭、事业、物欲等等，因此有时修，有时不修，三天打鱼两天晒网，故很难成就，这些人肚子里不少佛学知识，嘴上说法，心和行却不一定和法相应。

大根器的人会修菩萨行，他们愿力强，不但自修还会关心周围众生，是自利利他的菩萨行者。但即便大根器者也很难成就惠能顿悟禅。因此，惠能禅师强调，顿悟禅是最上根器之人才有可能成就的法门。

所谓根器不是对修法的评价，而是对人的评价。惠能说“**法无高下，人有利钝**”，每个人都具备菩提心的种子，但少有人能发现并保持这种心，菩提心就是像庄子说的与天地一样大的心，大修行者、圣人会有这种最上根器的禅心。

大乘经典里强调菩萨会找到和自己相应的修法来修行，很难说哪位菩萨的修法更高级，菩萨的共同点是他们利益众生的愿力，“**上求菩提，下化众生，自利利他**”是菩萨的精神。佛法有八万四千法门，菩萨们会找和自己相应的方法引导众生。是故，有的菩萨如惠能一样提倡顿悟禅；有的菩萨如神秀一般推行渐悟禅；有的菩萨如印光大师那样弘扬念佛禅，劝众生念佛安心，往生极乐；有的菩萨如莲花生大师一样普及持咒，修密法；有的菩萨用魔王、地狱使者的模样来引导众生；还有的菩萨的形象看上去和佛法没有关系，例如用医生、企业家、慈善家等形象出现，在社会上利益众生。

故《华严经》上说，世上万物，包括风声、流水、落叶都是菩萨化身，不同的形象是菩萨利益众生的方便法。

北禅与南禅相比较，以根除妄心而返归真心为修禅门径。

“守本真心”是弘忍《最上乘论》反复强调的。北禅实际上是围绕着这一核心宗旨而展开的。

《最上乘论》所说的“修道之本体，须识当身，心本来清净，不生不灭，自性圆满清净之心”，是北禅和南禅的区别所在。众生与佛平

等，因为二者都有真如佛性，因此，众生只要“守”住此“真如”之心而不生分别，不起妄心，则可“心真如”“色真如”而最终成佛。这是北禅的典型表述。众生之“真心者，自然而有，不从外来”。

北禅将无明之心看作“自心”的组成部分，并且在《观心论》中阐明：

> 一切恶业自由心生。
>
> 三界业报，唯心所生。本若无心，则无三界。
>
> 既然恶业由自心生，所以众生但能摄心离诸邪恶，三界六趣轮回之业自然消灭，能变诸苦，即名解脱。

北禅以净心对治、磨灭妄心以显现清净圆明的心体。宗密将北宗禅的宗旨概括为“息妄修心”是非常准确的。一个“修”字，一个“守”字，确实是北禅最大特征。

神秀将东山法门总结得更简洁，解脱就在“常守真心”，方法就是“看心看净”。

神秀在中国禅史上的功绩，主要不在理论建树方面，而在他善于审时度势，使新禅法被朝廷所接受，被各阶层民众所认可，这在禅宗发展上是一个历史性的转变。

南禅在唐末逐渐发展出了五个支派，分别是曹洞、临济、沩仰、云门、法眼五个宗门，达到了惠能南禅的鼎盛时期。

北宋时期，社会上形成了儒释道三教合一的气氛，这些宗派融合的思想形成了综合修行文化，当时的禅宗包容了净土念佛修行法、自修自悟的禅宗和完全靠他力念佛信仰的净土宗同修，叫“禅净双修”。代表人物是北宋时期净土宗六祖，法眼宗三祖的延寿禅师首先倡导禅净双修，指心为宗，当时四众钦服，其作《万善同归集》卷一开篇即说：

> 夫众善所归，皆宗实相。如空包纳，似地发生。是以但契一如，自含众德。然不动真际，万行常兴。不坏缘生，法界恒现。寂不阂用，俗不违真。有无齐观，一际平等，是以万法惟心。

延寿还召集了唯识、华严、天台三家对当时教理互相质疑，最后用禅宗的观点作为评判的标准加以评定，成《宗镜录》百卷，统一了各家对教的不同说法，又调和禅与教的矛盾，为各宗所接受。宗密和延寿调和禅教，后来出现了华严思想和禅学相融合的华严禅，对于宋代禅师和宋明理学产生了很大的影响。

宋代禅宗流派都依赖统治者的支持，著名禅师常与上层人物交往，由此禅学思想的发展又发生显著变化，出现了三种类型的禅：文字禅、默照禅和话头禅。

(1)文字禅。禅宗真正作为判断是非的依据是前辈祖师的语句。由于所传的语句简略难解，禅师就用偈颂来陈述其大意，因此一般有文化的禅师都走上从文字方式上追求禅意的道路。禅学走上文字之途，势必产生舞文弄墨的现象。

(2)默照禅。曹洞宗禅师正觉提出寂默静照，即静坐看心的禅法。

(3)话头禅。临济宗禅师宗杲反对文字禅和默照禅，他主张不把祖师的语句作为正面文章来领会，只作为“话头”即题目来参究，

认为这样才能自发地产生智慧，自悟成佛。

默照禅的出现实际上又回归到了神秀北宗的禅法。这标志着南禅已走到上升发展的尽头，自此以后禅学思想就愈来愈趋于停滞了。因此一切修法，只要有存在的合理性就不会断绝，而是深深地隐藏在时空中、人们的心中，如蛰伏的金刚如来的种子，只要时机成熟，定会再次爆发，发扬光大，泽被众生。

宗密在《圆觉经大疏抄》评价神秀禅法是“拂尘看净，方便通径”。

在《全唐书》里对神秀禅师评价为：

> 此僧契无生至理，传东山妙法，开室岩居，年过九十……九江道俗，恋之如父母；三河士女，仰之犹山岳。

惠能 明心见性

菩提非树

当门僧把自幼生活在岭南，目不识丁，生得瘦小，一副山野樵夫的模样，说话还带着些许南方口音的卢姓居士惠能带进门参见大和尚时，蕲州黄梅县东禅寺的五祖弘忍大和尚正在喝茶，没甚在意，当时北方社会对南方人戏称为“獦獠”。

五祖问：“你从哪儿来？”

惠能道：“从岭南来。”

五祖问：“你到这里干什么？”

惠能道：“不求别事，只求作佛。”

五祖道：“你个獦獠，又是岭南人，怎么能够成佛呢？”

惠能道：“人有南北，佛性却没有南北。獦獠在形象上与和尚不同，但佛性又有何差别？”

五祖听了，心下暗惊，知不是常人，仔细地看了一眼，本欲继续跟他多谈几句，但当时左右徒众甚多，担心惠能会引起众人的嫉妒和排斥，于是便把他打发到碓坊舂米去了。

这个貌不惊人的居士惠能便是最后得黄梅五祖弘忍秘授衣钵，继承东山法门的禅门六祖，是中国历史上有重大影响的佛教高僧之一。他和代表东方思想的先哲孔子、老子，并列为“东方三圣人”。

惠能（公元638～713年），俗姓卢氏，河北燕山人（今涿州），随父流放岭南新州（今广东新兴县）。惠能幼时父亲已病逝，长大后他以卖柴为生和母亲相依为命。成人后自感与佛教有缘。

时有一客买柴，惠能送柴前往，途中，见一僧乞食诵经时念道“应无所住生其心”，当即悟道，遂问：“客诵何经？”客曰：“《金刚经》。”复问：“从何所来，持此经典？”客云：“我从蕲州黄梅县东山寺来。其寺是五祖弘忍大师在彼主化，门人一千有余。我到彼中礼拜，听受此经。大师常劝僧俗，但持《金刚经》，即自见性，直了成佛。”惠能闻说，心中大动，忙回家安顿好老母，便往黄梅参礼五祖。

没想到一路风尘仆仆赶到黄梅，弘忍大师基本没跟他多说话，就安排他去碓坊舂米，舂米是一件苦差事，惠能矮小精瘦，为了踏碓，他不得不在腰间拴上一块石头。

话说那一日，五祖把大众召集到一起，告诉大众说：“我已经老了，当选一名接法人，佛法贵在实证，你们这许多人中，良莠不齐，我想知道你们对东山法门的体悟，你们且下去，各自写一首偈子给我看看。”

当时，东山门下僧众近千，其中以神秀上座最为出色。神秀上座是教授师，兼通内外之学，经常为大众讲经说法，深得五祖的器重和众人的敬仰。因此，平日里僧众常议论道：六祖之称号，除了神秀上座之外还有谁能够担当得起呢？加上五祖年事已高，基本不理法

门具体事务，因此此时的东山法门，僧众们无论名义上是否属于神秀禅师的弟子，大多心里都依止神秀禅师，等着他顺利当上六祖。

这一天听完五祖的话，僧众们没人认真去写偈子，毕竟这是神秀上座的事情。神秀回房后想了一夜，最后写在廊壁上，偈曰：

身是菩提树，心如明镜台。
时时勤拂拭，莫使惹尘埃。

第二天早课，五祖看见此偈，知是神秀所作。心里知道神秀已尽得《楞伽》精要，后人如果依此偈修行，也当利益无数众生，只是，弘忍心中还有另一种要大力推广弘扬的禅法，就是《金刚经》中即心即佛，直指人心的顿悟之法。因此，五祖当着众人的面对此偈大加赞叹，并且要求僧众焚香读诵此偈，依偈而修。

私下里，五祖告诉神秀："无上菩提须于当下识自本心、见自本性中荐取。你且再作一偈。"

话说惠能自从来了东山，一直没有离开后院勤勤恳恳地舂米，转眼已经八个月。

后院里除了打杂的僧人，还有一些不满二十岁的小沙弥，小沙弥们每天的主要功课是诵经，当时大和尚布置的经书是《维摩诘经》和《法华经》。

这一天，在房间里劳动的惠能听到外面小沙弥们诵的经书和以往不同，就出门来看。

正好一位沙弥在门前，惠能忙合掌问道："小师父，您在诵的是什么经？我怎么没有听过？"

小沙弥笑着回答:“昨天大和尚让我们诵这偈颂,说诵这个可以帮助清修,功德无量。”

惠能再问:“大和尚为什么让大家背这偈颂呢?”

小沙弥说:“大和尚要寻传法弟子,所以让寺院僧众都写偈颂呈上,神秀上座写的大和尚最满意,让我们都背他的偈颂。”

惠能听完,心中特别欢喜,他来东山就是希望得到大和尚传法,得到正法的能量。

于是请求说:“小师父,我也想去参拜神秀上座的偈颂,帮助清修,但不知道在哪里,您可以带我过去吗?”

小沙弥开心地答应了,带他来到前院禅堂前。

禅堂前已经有许多人了,大家都在观望,赞扬神秀上座的偈颂。惠能也忙对着写了偈颂的墙面礼拜。礼后,惠能起身,面向大众合掌,说:“各位大德,我也想作一首偈颂呈大和尚,但我不认识字,有哪位大德慈悲,可以帮我写在墙上?”

这时气氛一下子热闹起来,众人七嘴八舌地议论,怎么后院的杂工,字也不认识,也会写偈颂?哈哈太可笑了。

这时,有一位二十几岁年轻的僧人走出来,对惠能合掌说:“我帮你写上去,你如得法,需要度我才是。”

惠能点头应允。于是缓缓念道:

> 菩提本非树,明镜亦非台。
> 本来无一物,何处惹尘埃。

颂完,惠能向大众施礼告退,回后院去了。

这下子禅堂前更热闹了，僧人们都围过来看新偈颂，褒贬不一。大和尚弘忍也闻声出来，一看墙上的新偈颂，便问道："谁人所写？"

众僧回答，后院舂米的杂工惠能，大和尚心里便知法器来了。

于是马上用鞋擦掉偈颂，说："并未见性。"然后转身回房了。

大家见大和尚这样说，也就都不在意了，一哄而散，各自回房去。

下午，大和尚自去了后院，见惠能在认真地舂米，便问："米舂得如何？"

惠能抬头见是大和尚弘忍，忙施礼回答："我已经将糠剥离，正在滤米。"

弘忍说："修道之人，需如此认真才是。"

说罢弘忍用拄杖在碓头上敲了三下便离开了。惠能领会了，便于当天晚上三更的时候，偷偷地来到方丈室。

弘忍见惠能进门，便开始给他传授《金刚经》，当讲到"应无所住而生其心"时，惠能豁然大悟：原来一切万法不离自性，遂一口气说了五个何其：

何期自性本自清净！
何期自性本不生灭！
何期自性本自具足！
何期自性本无动摇！
何期自性能生万法！

弘忍知惠能开悟了，对惠能说：

诸佛出世为一大事，故随机大小而引导之，遂有十地、三乘、顿渐等旨，以为教门。然以无上微妙、秘密圆明、真实正法眼藏，付于上首大迦叶尊者，展转传授二十八世。至达摩届于此土，得可大师承袭，以至于今，今以法宝及所传袈裟用付于汝。善自保护，广度有情，无令断绝。听吾偈曰：

有情来下种，因地果还生。无情既无种，无性亦无生。

惠能当即跪受衣法之后，问道："法则既受，衣付何人？"

弘忍答说："昔达摩大师，初来此土，人未之信，故传此衣，以为信体，代代相承。法则以心传心，皆令自悟自解。自古佛佛唯传本体，师师密付本心。衣为争端，止汝勿传。若传此衣，命若悬丝。汝须速去，恐人害汝。"

惠能又问："当隐何所？"

弘忍答："逢怀即止，遇会且藏。"

说完，弘忍连夜亲自把惠能送到九江驿。

行前，弘忍再次嘱咐惠能："以后佛法将通过你而大兴。你离开黄梅后三年，我将入寂。你赶快往南方走，好自为之。不要急于出来弘法。"

惠能于是发足南行，不到两个月就到了大庾岭。

五祖第二天开始连续好几天没有上堂。僧众们都很疑惑，大和尚是不是生病了？纷纷前去问安。过几日，弘忍告诉他们说："祖师的衣钵已经传到南方去了！"众人大惊，问道："谁得到了衣钵？"五祖回答说："能者得之。"

众人这才恍然大悟，便有数百人暗自溜出黄梅，前往南方追缴衣钵。

命若悬丝

从佛陀时期开始，佛法大师们的外在形象大多是相貌堂堂，功夫智慧齐备，内修外养，德高望重，通常凡人一见，便即心生崇敬。

弘忍传法脉与惠能时，他刚来东山八个月，而当时内外兼备的大弟子神秀已是众望所归的法脉继承人。惠能本人瘦小，貌不惊人，又不识字，在东山无依无靠，并且没有受戒出家，身份不过是个居士。弘忍在这种情况下，将衣钵不传深得东山精髓、人气旺盛的神秀，而传给惠能，实在不是普通人可以预见和理解的事情。

这里我们可以看见当时僧团的实力和性质，已不全是我们想象中的弘法团体了，弘忍传法本是自己的事情，老师传自己相中的弟子，这是老师的自由，但从一开始见面弘忍即遮遮掩掩，支开惠能去干杂活，后传法当夜即不放心连夜亲自送走，送完还不出门几天，给惠能充分的时间逃跑，这些现象，为什么会发生在出家人的团体里？

这是因为，中国佛教的宗派发展和印度佛教学派不同，印度学派里僧人没有个人财产，有自己独立的修行环境，大家对法的理解不一致时可以探讨、争论或者分出各个学派，学派本身也没有财产，没有收入。自隋唐时期开始，中国佛教发展非常迅速，宗派团体相继成立，这些团体和上层阶级关系紧密，拥有自己的财产、土地，自己的组织、机构、传承。宗派的资金来源有朝廷补贴，更多来自于信众的供养，谁的寺院更气派，谁的佛像修得更大，谁名气更大门人更多，谁和朝廷关系密切等等，就变成了更容易得到供养的外在比较因素。

真正为修法的人，有谁会去关心这些外相？但宗派一旦形成，僧人就没有那么单纯了，宗派中间和世间一样涉及利益、斗争，僧众中包括了真正为了修法解脱、利益众生而出家的，也有为了生活所迫混饭吃出家的，还有为了发财致富出家的，功名利禄，可谓一样不少。有些僧人为了自己的利益形成帮派，拉拢、排挤、造谣等各种世间手段都在使用，并有过之而无不及。故此每个法脉传承的信物、衣钵这等代表身份的信体也变得跟皇上的玉玺一般，大家认钵不认

人，有了信体法器，自然可以名利双收，从者如云。如果弘忍将衣钵传给神秀，由于神秀本身内外兼备，和皇室高官往来密切，弟子门人众多，社会地位高，师兄弟们谁也没有非分之想，但发现衣钵被一个无名之辈带走，形势便急转直下，许多人蠢蠢欲动了。

《维摩诘经》云：

> 唯，罗睺罗！不应说出家功德之利。所以者何？无利无功德，是为出家。

维摩居上这是说：罗睺罗尊者，不应该说出家修道的功德利益。不求功德利益的行为，这才是出家的本意。出家人，能够降伏众魔，超度五道众生，得清净五眼（肉眼、天眼、慧眼、法眼、佛眼），获信、精进、念、定、慧等五力并树立与此五力相应之五根，不为世间的烦恼所缠缚，远离一切恶念恶行，能够摧毁一切外道邪说，超越一切假名施设，出淤泥而不染，不系著一切境相，放弃一切对主客观的执著，心境自然平静，不为外界所扰乱，内心怀着无限欢喜，恒顺众生，随缘任运，远离一切过失，行住坐卧皆在定中，若能做到这样，才是真正的出家。

自弘忍公布传法脉于惠能后，东山法门里真正应该感到失望和难过的神秀禅师此时反而非常超脱，对师父的决定没有表示过一丝不满，但神秀的弟子们以及指望未来通过法门得到利益的一些僧人就有想法了，几百人陆续下山开始追缴衣钵，围堵惠能，也导致了后来惠能不得不藏身猎户，躲避追杀达十六年之久。写到这段历史时，我不仅掩卷长思，佛法是为了教化众生而存在，如果僧人不修法，不修心，内心也像世间一样追名逐利，那些披着僧衣而内心充满欲望的僧人只会令社会更加动荡不安。可见，法无高下，人有慧愚，同样的法，在不同人的手里，带来的后果截然不同。人的心，绝对不能从他外在的形象来判别。穿着僧衣的就一定具备菩提心，不穿僧衣如惠能般的居士行者就一定不具备出世间能量吗?

大智如弘忍这样的大禅师，在自道信出山公开弘法不过二代，人数不过千人的东山法门里，也脱不开僧团的控制和影响，不能当众表达真实意见，可想而知，当时社会上的情况严重到什么程度。

时弘忍座下千余名弟子，法嗣十三名，除了神秀、慧安之外，有个叫惠明的排名第三。惠明本是南北朝时的陈朝宣帝的孙子，隋灭陈后，流落于民间，因是帝王之后，曾受将军的爵位，少时习武。最初因为求法，拜四祖道信为师，后转至五祖弘忍的门下。他本是一介武夫，修炼精进，但因缘未到，一直未能开悟。

当他得知弘忍已经把衣钵密付给了没有出家的居士惠能时，恼怒异常，遂找神秀诉苦，哪知神秀上座说师父决定自有他的道理，淡然处之，惠明心中不服，他一个目不识丁的舂米的獦獠，来了才八个月，凭什么拿走东山衣钵? 于是他率领几十位师兄弟，一起追赶惠能，一直追到大庾岭。

不一日，探到惠能的消息，惠明心急，甩开大步自己就追上山去，那些没有武功的师弟们哪里跟得上他? 就搭伙在山下喝茶等他的消息。

正在赶路的惠能看到气喘吁吁、健步如飞的惠明追上来，就把衣钵放在一块山石上站立一边不动，惠明看见衣钵，心中狂喜，上前便拿，谁知力大如牛的他，尽然怎么也拿不起这小小的衣钵。

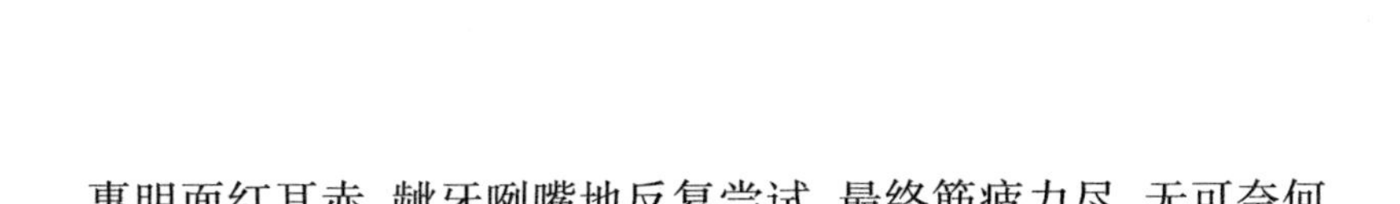

惠明面红耳赤，龇牙咧嘴地反复尝试，最终筋疲力尽，无可奈何地看着站立一旁的惠能说："我是来求法的，不是为了夺衣钵，请卢居士把师父所授之法传于我。"

惠能说："你如抛开心中一切杂念与妄想，息心灭虑，我就为你说法。"

惠明听后，略有惭愧，席地而坐，洗耳恭听。惠能机锋直入，开示道："不思善，不思恶，那么，哪个是明上座您的本来面目？"

惠能的意思是没有善、恶的对立，就可以见到自己的"本来面目"，心中带着分别心，如何看到清彻透明的本性？

惠明也修法多年，但一直没有机缘开悟，刚才屡次拿小小衣钵不动，已是心存敬畏，知法脉不在自己这里，此时再听惠能此语，顿时如醍醐灌顶，恍然大悟，遍体流汗，百感交集。当即喜极而泣，磕头便拜。

再问道："居士，师父还有没有其他密法未曾公开呢？"

惠能回答说："你如果回光返照，密意就在你的身边。"

这一段就是禅宗"回光密意"的公案。惠明此时心服口服，磕头说道："禅之境，如人饮水，冷暖自知。"

后又问："我今后到何处去呢？"

惠能回答说："你去往江西的袁州，可停止前进，遇到蒙山，就可安住。"

惠明拜别惠能下山，告诉随后追来的众多师兄弟说："我到山顶上找过了，他没走这条路，你们再往别处寻找。"众僧纷纷掉头去别的地方搜寻。

惠明后自去庐山结庵修行，三年后，他转到袁州新喻县的蒙山灵隐寺，后来惠明觉得“惠”字与惠能上字相同，毕竟受教于惠能，改名为道明。道明禅师创建了西华禅寺、圣济寺，在江西广弘佛法，成为当时佛教重要的道场之一。

惠能归南后，遵师命，长期辗转流徙于岭南四会、怀集等地，过着隐居生活，期间为追回法衣，不断有人四处打探惠能的行踪，为了避免不测，惠能隐姓埋名混身不定居的猎人队，在深山以打猎为生长达十六年。

僧俗不二

公元676年正月初八，惠能感觉机缘成熟了，这一日来到广州法性寺。

此时正值印宗法师在讲《涅槃经》，休息时，一阵风扬起寺庙的旗幡，两个小和尚为这到底是"风动"还是"幡动"争论起来，惠能听了一会儿，说：

既非风动，亦非幡动，仁者心动耳。

惠能的说法，引起了印宗法师的关注，此话绝非一个凡夫可以说出，忙下座和他攀谈，越听越感觉此人不同凡响，便带至方丈室，试探着问："久闻黄梅衣法南来，莫非就是行者？"

惠能出示衣钵，印宗法师欢喜无限。

正月十五日，印宗法师召集四众弟子在寺内菩提树下，开坛为惠能剃发，又于二月初八日集诸名德为惠能授具足戒。至此，惠能正式出家为僧。剃度后印宗法师转拜惠能为师，自此在法性寺开始弘法。

次年，惠能到曲江曹溪宝林寺(今南华寺)大开东山法门，往来法性、宝林二寺讲经说法三十六年，度无量众生。其间，韶州刺史韦璩曾邀请惠能到韶州开元寺(后更名为大梵寺)讲经，其言行被弟子法海汇编成书，这就是被奉为禅宗宗经的《六祖大师法宝坛经》。纵观佛教，只有佛祖释迦牟尼的言行记录被称作“经”，一个宗派祖师言行录也被称作“经”的，唯有惠能。

那为何惠能受禅宗衣钵时并不出家，而十六年后又接受剃度出家为僧？师父弘忍又为何将如此重要的修行法脉赋予一个在家居士？为他剃度的印宗法师剃度后为何反而拜他为师？这些行为都是常人不可理解的。

大乘并不拘于形服持戒，而系以发菩提心及修利他行为出家要谛，故反对僧人单以剃发受戒为出家之本义。最突出的代表就是《维摩诘经》，主张“发菩提心，是即出家”的僧俗不二思想。

维摩诘居士的行为就是大乘菩萨行。维摩诘居士常以长者的身份评判处理世俗的事务，其恩惠泽及满城的男女老少；他虽然也像世人那样从事谋生事业，利润丰厚但不沾沾自喜；他也经常走街串巷，但所到之处都以佛法饶益众生；他也经常参与管理世俗的事务，但都秉公执法，扶持正义；他有时也出入青楼妓院，警示世人淫欲之过；偶尔也走进闹市酒馆，为了教化那些醉生梦死之徒。在长者中，他深受崇敬，在居士群中，他教示居士们如何断除贪欲和执著；在贵族和武士阶层中，他教导他们应该如何培养忍辱精神；在古印度最为尊贵的婆罗门种姓中，他帮助他们弃除自大和傲慢；他教育王公大臣应该怎样遵守正法，教示王子们怎样忠孝两全。维摩诘居士就是以种种方便法利益群生。而这种品德和生活方式，对中国人有极大的吸引力。

《维摩诘经》云：

> 世间出世间为二，世间性空即是出世间，于其中不入不出，不溢不散，是为入不二法门。

罗什法师解释说：

> 世间，三界也；出世间，一切无漏有为道品法也。出义，生于入也。无入生死，故无出世间也。

罗什讲世间的范围是指三界，即欲界、色界、无色界。而一切法门，包括三十七道品、大乘的六度四摄等等，这些都是出世间法。

如果能够认识到世间本性是空，那世间本就是出世间，并不是说在世间之外还有一个出世间，这就是“于其中不入不出”的真谛。

佛法僧不二思想也是僧俗不二的思想基础之一。《维摩诘经》中又说：

> 佛法众为二，佛即是法，法即是众，是三宝皆无为相，与虚空等，一切法亦尔，能随此行者，是为入不二法门。

佛即是法，因为佛体现着法，不可能有一位离开法而独立存在的佛。因为佛体现了法，体现了阿耨多罗三藐三菩提，所以佛就代表了法，这也是我们之所以尊佛的原由。法也就是众，就是僧。僧众也体现法,才可以称之为僧众。所以佛法僧三者中是以法为根本的。

故此,惠能出不出家,受没受过具足戒不是弘忍在乎的事情,弘忍在乎法脉有没有传承到真见性、真开悟的大德手中。惠能也没有在乎自己是在世间还是出世间,因为在他心中,世间和出世间不二。

那为什么后来又剃度出家呢?那是因为中国社会,大家太注重身份,不如此,无以立足传法,但惠能心中是并不在意这些的,《坛经》中惠能是从三学(戒定慧)的角度来阐发他的修禅法门。惠能把"三学"分为两类,作为他禅学的出发点。一类是"戒律"。他所授的是"无相戒",宣扬的是"在家与出家不二"的僧俗不二的平等精神。另一类是"定慧"。他把定和慧统一起来,主张定不离慧、慧也不离定的定慧不二思想。惠能禅法的核心所在是:必须先把握住无分别精神,才能进入定慧不二的禅法,最终明心见性,达至解脱境界。这是惠能思想的根基。

惠能隐居颠簸流离的十六年期间,只是一位与维摩诘一样的居士。这十六年的隐居生活不是普通修行人那样结庐逍遥,自愿自作的,在《韶州曹溪山六祖师坛经》里,惠能自说:"某甲东山得法,辛苦受尽,命似悬丝。""命似悬丝"的生活对惠能形成自己的思想是应该有着不可磨灭的影响。惠能曾说:

善知识,若欲修行,在家亦得,不由在寺。

那在家如何修行呢?惠能说:

心平何劳持戒,行直何用修禅。恩则孝养父母,义则上下相

怜。让则尊卑和睦，忍则众恶无喧。若能钻木取火，淤泥定生红莲。苦口的是良药，逆耳必是忠言。改过必生智慧，护短心内非贤。日用常行饶益，成道非由施钱。菩提只向心觅，何劳向外求玄。以此修行，悟道只在目前。

惠能之所以重视无相戒精神，与十六年命似悬丝的生活分不开，面对那些追杀他的所谓出家人，他更加产生了与当时僧众不同的戒律观念。因此，后来他在弘扬禅法的时候，特别强调无分别的“无相”精神。据敦煌本《坛经》，惠能讲法中引用过的经典，我们只能发现两部——《维摩诘经》和《菩萨戒经》，其中引用《维摩诘经》七处，《菩萨戒经》二处。这表明这两部经典是惠能最喜欢的佛教经典。《坛经》的经名也是从《菩萨戒经》不分僧俗的菩萨戒（无相戒）精神而来的。

公元696年，武则天曾为“表朕之精诚”下诏书给惠能，表达了十分尊崇的心情：“恨不赴陪下位，侧奉聆音，倾求出离之源，高步妙峰之顶。”

惠能入寂于公元712年，春秋七十六。唐宪宗追谥惠能为“大鉴禅师”，宋太宗又加谥为“大鉴真空禅师”，仁宗再加谥为“大鉴真空普觉禅师”，最后神宗再加谥为“大鉴真空普觉圆明禅师。”

惠能禅主张人佛平等，破除外在形式的清规戒律，反对迷信崇拜，反对形式化、外相化的仪式、祈祷、法事，追求身心自在，明心见性，见性成佛。因为这样，惠能禅已经不是我们日常认为的宗教信仰，他的禅法不分男女、区域、地位，更不分什么思想、种族，就在于悟和不悟，有信心和没信心。只要有信心，一切都随缘自在，道法自然。“任性合道,逍遥绝恼”。

惠能弘法时期多次明确强调,什么是戒?信心是戒律,除了信心之外,其他都是方便行为,不是根本。这种信心的戒律不管是僧人还是居士,也不管是否佛教信徒,都能受禅的戒律。这已经超越了佛教宗教仪式。而且,惠能的戒法已经超越了“僧、俗”等相对观念在形式上的“是非分别”。惠能的这种精神,后来临济宗义玄禅师进一步发挥为“正见出家”。

坐禅三昧

惠能之前在中土流行的禅法可分为四个时期。

第一时期是小乘禅法的流传时期，小乘禅观与传入中土的有关禅法方面的佛经有直接的关系。后汉初传安世高译《安般守意经》的小乘禅法“安般”是安那般那之略，意为呼吸的入息出息。此经讲述通过数入息出息使心意集中，进入禅观的方法和程序，它重在调息（呼吸），以集中精神，进入禅定意境；又以“法数”（按数字对教义的分类）为止观对象，构成“禅数”形式，因与当时道家“食气”

"导气"等吐纳养生术相类似而传习较广。此即小乘禅法中著名的"安般禅"。

罗什所译的禅经中《坐禅三昧经》最为著名,此经以论述"五门禅"为重点。倡导五门禅观("五停心"),即:对治贪欲淫欲的不净观,对治嗔恚的慈悲观,对治愚痴的因缘观,对治思觉偏多的数息观,对治多种烦恼、多罪的念佛观。

佛陀跋陀罗所译《达摩多罗禅经》也讲五门禅。鸠摩罗什虽然和佛陀跋陀罗的禅学不同。但都是大小乘融贯的禅,强调禅智双运,寂照相济,对后来佛学思想的发展有重大影响。

后汉支娄迦谶译出《佛说般舟三昧经》,它是一部大乘禅观著作。"般舟"是梵文的音译,意为"佛立","佛现前"。经中说有一种叫做"般舟"的三昧,如果有人修持这种三昧,不仅可以在眼前看到"诸佛悉在前立",而且可以得受一切佛法,达到最高的智慧迅速成佛。特别其中讲述了观想西方阿弥陀佛的禅法,此禅法叫"念佛禅"。

第二时期是大乘禅观的盛行时期。罗什译出大量的大乘经典以后,在法师士人之间流行参究大乘佛法,而形成了专心研究佛典的学派。这时期对后来禅观思想影响最大的是僧肇的不二禅观思想和道生的顿悟成佛说。

第三时期是以研究禅法转为实修禅观时期。这时期的推动者以及最重要的人物是齐梁之间的达摩、志公和傅大士三位大师。他们主张禅法与禅修不二,从他们的实际活动情况来看,更偏重于实修方面,这里的原因主要因为从罗什后,士人、法师们多重视佛典中的义理,相比而言忽略了修禅体证。为了破除这种偏重义理的毛病,因而更强调实修。

第四时期是隋唐朝宗派佛教的禅观。惠能当时社会的佛教情况，主要是从隋朝开始形成的与印度不同的宗派，他们都提倡与其他宗派不同的体系，提倡自己的特色，标举自己所依的佛典才是最上乘法，并产生了各种形式的佛教仪规和禅法。在惠能来看，这都是违背了佛教创始人释迦牟尼佛的根本精神，所以为了纠正他们观念中的弊病，他不主张佛教的仪式行为，批评造大佛、建大殿，连坐禅也不重视。他还批评当时各派佛教团体的太偏重外在的形式而没有把握佛法的根本所在。惠能的做法与傅大士一样，他们都是菩萨大悲精神的体现。惠能把无相戒的平等精神与定慧禅观同样重视，这是和罗什的精神一脉相承的。

惠能提出“常行直心”的一行三昧修法。“一行三昧”是指专于一行，修习正定。惠能认为，在行住坐卧日常生活中，把精神专注于一境，这就是“一行三昧”。“一境”是指“直心”的状态，一旦能达到这“直心”境界，就可实现清净道场和清净佛土。如果有人没有保持好“直心”状态，那就不算修行的人。惠能所谓定，不是打坐，身不动，意不动叫做定；而是行住坐卧一切行为皆在定中。他认为，坐禅时，必须不要执著于“心”，也不要执著于“净”。因为，人心本来是虚幻的，没有固定的根底；人心本来是清净的，不需要再去找什么“干净”。

关于坐禅与禅定的关系，惠能在《坛经》说：

> 此法门中，何名坐禅？此法门中，一切无碍，外于一切境界上念不起为坐，见本性不乱为禅。何名为禅定？外离相曰禅，内不乱曰定。外若著相，内心即乱，外若离

> 相，内性不乱。本性自净自定，只缘境触，触即乱，离相不乱即定。外离相即禅，内不乱即定。外禅内定，故名禅定。《维摩经》云："即时豁然，还得本心。"

惠能以一种独特的观点来解释"坐禅"和"禅定"。首先也说明什么是"坐""禅"，他认为对外境无念是名为"坐"，在本性不乱是名为"禅"，这是指"外坐内禅"。其次，他解释什么是"禅""定"，他认为对外境没有分别相是名为"禅"，在内心不乱是名为"定"，这是指"外禅内定"。

坐、禅、定是一样的，同意异名。因为"外于一切境界上念不起"与"外离相"是一样的意思，"见本性不乱"和"内不乱"也是相同的说法。坐即是禅，禅即是定。这也可以说，"外于一切境界上念不起"的"坐"与"内不乱"的"定"不异，即坐（外）、定（内）不二。再说，观照的念（用）和被观照的真如（体）其实是一个东西，不能用"念"来看"真如本性"。

惠能很明确地阐明禅法最上乘禅的境界是"一无所得"。《坛经》云：

> 时有一僧名智常，来曹溪山，礼拜和尚，问四乘法义。智常问和尚曰："佛说三乘，又言最上乘，弟子不解，望为教示。"
>
> 惠能大师曰："汝向自身见，莫著外法相，元无四乘法，人心不唯四等，法有四乘。见闻读诵是小乘，悟法解义是中乘，依法修行是大乘，万法尽通，万行俱备，一切无杂，且离法相，作无所得，是最上乘。"

惠能把禅分为四个不同的层次。小乘禅是“见闻转诵”，只知道念经，生吞活剥，不能很好地理解经文的意义。中乘禅是“悟法解义”，能领悟佛法，把握佛法的意义，不过也只是对佛教表面意义的一种了解。大乘禅是“依法修行”，能按照正法进行修行，很多禅师都是这样做的。

最上乘禅则是“万法尽通，万行俱备，一切不染，离诸法相，一无所得”。最上乘禅实质上是一种对佛教根本精神的全面把握，一般修行求解脱的人，大多以分别见设想有一个彼岸、菩提、涅槃在那儿，因此就想求得菩提、涅槃，到彼岸去。但是大乘《般若经》和《维摩诘经》等经认为，一切法的实相都是空，色即是空，空即是色，即空即色，非色非空，强调不离烦恼而得菩提，不离生死而得涅槃，要在烦恼里求得菩提，在生死中证得涅槃。“一无所得”是指求菩提没有得到菩提，求涅槃没有得到涅槃，一切无所著。我们可以看出，惠能的最上乘禅和前三种禅相比，已有很大的改变。顿悟禅法的目的就是：明心见性。

明心见性

佛法认为众生皆有佛性。这个佛性，在经书有种种名称，在法称为“法性”“实相”“真如”“实际”等；在众生称为“自性”“本性”“心性”“自性清净心”等；在缠称为“如来藏”“藏识”“本觉”，出缠称为“解脱”“涅槃”“菩提”“大圆镜智”“究竟觉”等。不管叫什么名称，佛性不生不死，灵明不昧，是宇宙的实体，世界的本源，是万物终极存在。它超越时空，本自现成，无处不在，无时不在，体具万德，妙用无穷，在圣不增，在凡不减，心思不及，言语莫诠，所谓“离四句，绝百非”。

众生之所以六道轮回，缘于无明，迷失本性，妄念执著。因此惠能说：

一切万法，尽在自心中，何不从于自心顿现真如本性！

世人性本自净，万法在自性。

如是一切法，尽在自性。自性常清净，日月常明，只为云覆盖，上明下暗，不能了见日月星辰。忽遇惠风吹散，卷尽云雾，万像森罗，一时皆现。世人性净，犹如清天，慧如日，智如月，智慧常明，于外着境，妄念浮云盖覆，自性不能明。故遇善知识，开真正法，吹却迷妄，内外明彻，于自性中，万法皆见，一切法在自性，名为清净法身。

惠能把佛从神拉回到人，“人人有佛心，人人有佛性，人人都可以成佛”，因为“佛即是心，心即是佛”，所以每个人都可以成佛，不管好人坏人，都有佛性，都可以成佛。

那怎样成佛？惠能说：“顿悟成佛。”

那靠什么可以开悟？惠能说：“自性自度，才是真度。”

神秀一系的禅法，源于《坐禅三昧》《达摩多罗禅经》中的“念佛法门”，讲动、定一体，即所谓“敛心入定，如蛇行入筒”，主张“拂尘看净，方便通径”，即逐渐领会，逐渐贯通的方法。惠能禅讲究是顿和悟，主张单刀直入，直摩心源，见性成佛。这是对以往禅学思想的最大变革。《坛经》说：

若悟无生顿法，见西方只在刹那，不悟顿教大乘，念佛往生路远。

我于弘忍和尚处，一闻言下大悟，顿见真如本性。是故将此教法，流行后代，令学道者顿悟菩提，各自观心。令自本性顿悟。

顿悟思想自惠能首倡之后，成为了禅宗修行的主导思想。

自性自悟，顿悟顿修，亦无渐次，所以不立一切法。

佛是自性作，莫向身外求。我心自有佛，自佛是真佛。

无念为宗

惠能说：

善知识，我此法门从上以来，顿渐皆立无念为宗，无相为体，无住为本。

凡夫即佛，烦恼即菩提，前念迷即凡夫，后念悟即佛；前念著境即烦恼，后念离境即菩提。

“无念为宗”的意思并不只是把念头空掉，是心念对境之时，了知境的本性是空，心的本性也是空，从此不染不着，而又能以空为有用。因此，他并不以静坐敛心才算修禅，而是在一切时中行住坐卧、语默动静，皆需保持、体会禅的境界。

什么是惠能说的“无念”呢？“于一切境上不染，名为无念。于自念上离境，不于法上生念”。人的内心如果没有任何意念的话，那就是死人，所以什么念头也没有根本无从成立。所以他看来，“为人本性，念念不住，前念、今念、后念，念念相续，无有断绝，若一念断绝，法身即离色身。”无念并不是没有任何意念，而是不执著于任何对象的意念,没有对事物加以分别取舍的意识;后来神会在解释无念时把真心佛性比作镜子,把纯粹的意识比作镜子的鉴照功能,认为镜子无论是否面对物象都具有鉴照的功能,无念的纯粹意识就是真心佛性发出的智慧光芒,它只是清净本性的表现,而与任何对象无关。惠能认为,如果能做到无念,那就是自己的意念体现自己的本性而不受对象物的牵制,那样即使有各种各样的感官活动也同样是自由自在的。所以说:

真如自性起念,六根虽有见闻觉知,不染万境,而自性常自在。

惠能又强调:

佛法在世间,不离世间觉。

先无念,则可无相、无住同时具足,无所执著,在外境中不起妄念,不争、不贪、不求、不欲,无忧、无虑、无烦恼,无牵挂,洒脱、安详、自在、万物俱空。离念、离相、离住而不蔽真如本心,六根无染、永舍贪欲、自心觉悟,自心解脱,就达到了"本来无一物,何处惹尘埃"的境界,则明心见性。

可否见性在于心念是否能远离一切外境而"心不染境"。

现代禅修的人,总觉得修行难,心境烦躁不安,"抽刀断水水更流,举杯浇愁愁更愁",妄念不断,五蕴炽盛。于是跑了很远找个僻静地方打坐,认为可以远离烦忧,可当我们心不安时,无论是在僻静

之处还是红尘滚滚，无明顿生，一无净土。杂念是不能靠石头压草式的方法可以去除的。只有身心契入本来，才是无碍自在。如云彩在虚空中倏忽飘散，但不会妨碍虚空，内心的恐惧、焦虑都是多余的，念念迁流，世事无常，我们只要保持“我自无心于万物，何妨万物常围绕”就能身心自在了。

无相为体

《金刚经》如理实见分第五和正信希有分第六记载:

> 须菩提,于意云何,可以身相见如来不?不也,释尊,不可以身相得见如来。何以故,如来所说身相,即非身相。佛告须菩提,凡所有相皆是虚妄,若见诸相非相,则见如来。
>
> 是诸众生,无复我相人相众生相寿者相,无法相、亦无非法相。何以故?是诸众生,若心取相,则为著我人众生寿者。若取法相,即著我人众生寿者。何以故?若取非法相,即著我人众生寿者。是故,不应取法,不应取非法。以是义故,如来常说,汝等比丘,知我说法如筏喻者。法尚应舍,何况非法。

心佛众生三无差别。

"无相"也是一切无相,无我相人相众生相寿者相,无法相,亦无非法相。如在行而无行相,在卧而无卧相,内心如如不动。无有实体,无所执著,不能执著于一切法相。要理解宇宙山河大地幻有非真,行者接触外界时,不要执于表象,保持内心之平静、空寂。

无住为本

《维摩诘经》观众生品第七中记载：

> 文殊师利又问："生死有畏，菩萨当何所依？"
>
> 维摩诘言："菩萨于生死畏中，当依如来功德之力。"
>
> 文殊师利又问："菩萨欲依如来功德之力，当于何住？"
>
> 答曰："菩萨欲依如来功德力者，当住度脱一切众生。"
>
> 又问："欲度众生，当何所除？"
>
> 答曰："欲度众生，除其烦恼。"
>
> 又问："欲除烦恼，当何所行？"
>
> 答曰："当行正念。"
>
> 又问："云何行于正念？"
>
> 答曰："当行不生、不灭。"
>
> 又问："何法不生？何法不灭？"
>
> 答曰："不善不生，善法不灭。"
>
> 又问："善、不善孰为本？"
>
> 答曰："身为本。"

又问:“身孰为本?”

答曰:“欲贪为本。”

又问:“欲贪孰为本?”

答曰:“虚妄分别为本。”

又问:“虚妄分别孰为本?”

答曰:“颠倒想为本。”

又问:“颠倒想孰为本?”

答曰:“无住为本。”

又问:“无住孰为本?”

答曰:“无住则无本。文殊师利,从无住本,立一切法。”

以无住为根本。念念之中不思前境。无缚无脱,每个念头都不执著。

于心无事,于事无心。念念皆空,随时丢,物来则应,随缘而形,水过不留,如镜照物,镜上不留色影;如风过树梢,树上不留风声;如雁过长空,空中不留痕迹;如百鸿踏雪,雪不见爪痕;如浮光幻影,掠过长空。倏起倏灭。

《金刚经》说:“应无所住而生其心”。一切都不住着、不执著,不计较,不纠结,不分别,春梦了无痕!一切缺陷、忧苦、悔恨、烦恼、祸福、生死等等都无住,都不被束缚,犹如飞鸟出笼,离开一切尘垢、离开一切妄念。“而生其心”就是,显露出自我本心,就是生清净心、悲愿无尽的菩萨心、菩提心、慈悲喜舍心、智慧心、平等心、自利利他心等等。排除杂念,不执著于法,自然正念不断。如中流砥柱,任尔波涛汹涌,我自屹立不动。

“无念、无相、无住”是惠能禅的根本，通过禅修保持一种自觉自由的良好心态。三者其实一体，不可分割。惠能以“无念”为宗、“无相”为体、“无住”为本，说明三者同等重要。通过三者的合一，禅宗主张内不著空，外不著相，将“性”能于心用，即贯注于日用生活之中而显现心性，是为南禅活泼自在，大开大合，不拘形式之禅风形成的深层原因。

惠能说：

不修即凡，一念修行，自身等佛。

一花五叶

惠能弟子众多，最著名者有：南岳怀让、青原行思、永嘉玄觉、荷泽神会。这些都是中国禅历史上赫赫有名的大禅师。

后来形成河北临济宗、江西曹洞宗、湖南沩仰宗、广东云门宗、江苏法眼宗禅门五宗，即“一花开五叶”。

临济宗

“心心相印”。

临济义玄上承六祖惠能，历南岳怀让、马祖道一、百丈怀海、黄蘗希运的禅法，以其机锋凌厉、棒喝峻烈的禅风闻名于世。南宋时期，由于大慧宗杲的影响力，使得临济宗一支独秀，成为中国禅与汉传佛教最具代表性的宗派。

1187年，日僧明庵荣西使临济宗在日本得到极大发展。1246年中国僧人兰溪道隆东渡日本传法。20世纪80年代，日本临济宗信徒逾500万人。

1347年，四十六岁的高丽国太古普愚禅师拜访中国临济宗十八代禅师石屋清珙，太古禅师得法后离开，带走了“蒙授正印，传衣法信”的法信，惠能禅至此传入高丽。

曹洞宗

自石头宗门下分出，创始于洞山良价、曹山本寂，后传至宏智正觉禅师，创默照禅。日本道元禅师入宋，从学于天童山曹洞宗如净禅师门下，传回日本，建立永平寺，提倡“只管打坐”，为日本曹洞宗的开始。台湾法鼓山圣严法师，即为曹洞传人。

沩仰宗

唐潭州沩山禅师，名灵佑，嗣法于百丈怀海禅师。江西仰山禅师，名慧寂，嗣法于沩山灵佑。师资相承，别为一流，法道甚盛。于是便有了沩仰宗的名声。沩仰宗修行理论认为万物有情，皆有佛性，人若明心见性，即可成佛。

云门宗

出自青原行思、石头希迁一脉，以韶州云门山文偃禅师为祖师，故得名为云门宗。它的传承为，石头希迁传天皇道悟，天皇道悟传龙潭崇信，龙潭传德山宣鉴，德山宣鉴传雪峰义存。雪峰义存门下，又分两支：传云门文偃，为云门宗；另一支传玄沙师备，玄沙传罗汉桂琛，罗汉桂琛传法眼文益，是为法眼宗。

其禅风被称为云门三句："函盖乾坤"，"截断众流"，"随波逐浪"。

法眼宗

源自惠能门下石头宗一系，始于法眼文益，为禅宗五派中最晚成立的一派。说"三界唯心、万法唯识"。

至元代，帝王崇奉的主要是喇嘛教。元世祖忽必烈在即位前即召请藏区的名僧八思巴东来，并从受佛戒。即位后，又尊八思巴为国师，不久进封"帝师""大宝法王"等称号，令其掌管全国佛教兼统领西藏地区的政教。禅宗因得到名相耶律楚材（湛然居士）和大臣刘秉忠等人的支持而在汉人中最为流行。入元以后，禅宗五家中，沩仰、法眼与云门三家均已不传，只有临济与曹洞两系，仍维持着一定的规模，其中又以临济为盛。当时在北方，主要传曹洞宗，而在南方，则以临济宗为主。

在整个元明清时期，虽然禅宗的传承始终不断，且是佛教各宗派中最盛行的一个宗派，但思想上却已没有什么大的新进展，只是加强了与其他佛教宗派以及中国传统思想文化的融合，明朝中叶净土宗兴起，此时佛教的特色为禅净合一，与儒、释、道三教合一，禅净

合一源于禅理在世间已经广泛传播，已经不再新奇，禅净合一的影响，使得当时的禅僧对世间影响力降低，只能以念佛坐禅为务，晚明至清朝结束为止，禅逐渐失去其精华和生命力，禅宗衰落。清末民初之际，虚云大师复兴禅宗，为近代禅宗中兴之祖。

禅作为中国古代尤其是隋唐时期主流的哲学，对其他哲学流派产生了重要影响。禅宗哲学追溯其渊源，对思想形成有深刻影响的佛经有《楞伽经》《起信论》《心经》《金刚经》《楞严经》《维摩经》《华严经》《法华经》《圆觉经》《涅槃经》《菩萨戒经》等。这里蕴含了强调一切众生皆有佛性的如来藏思想、揭示本心迷失缘由的唯识思想、般若空性的不二法门思想、事事无碍的华严圆融思想。禅的思想曾经李贽、谭嗣同等思想家进一步的发挥，以抨击封建保守思想。宋明理学、心学大师，如二程、朱熹、陆九渊、王阳明等吸取了禅的心性学说，成为理学、心学的思想渊源。

惠能亦一再强调：

本来正教，无有顿渐，人性自有利钝。迷人渐修，悟人顿契。

因此除了顿悟之外，还有渐修。顿渐只是假名，佛法只为一乘法。说即虽万般，合理还归一。

花开见佛

我有明珠一颗，久被尘劳关锁，一朝尘尽光生，照破山河万朵！

顿悟，是当下直了本性，这种境界，不可言传，只能意会，所谓“如人饮水，冷暖自知”。所谓佛与众生的差别，只在一悟，迷与悟只在一念。

《景德传灯录》记载了这样一则公案：

药山惟严禅师有一天饭后在园子里散步，看到寺里烧饭的饭头，就问道：“你在寺院里多长时间了？”

饭头规规矩矩地回答说：“三年了。”

老禅师看了他一眼，说道：“我怎么一点也不认识你？”

饭头莫名其妙，以为老禅师参禅参糊涂了，便走开了。

药山问饭头的话，全是一片拳拳之意，只是为了点悟他，只是要启发他一点灵根，说至“我怎么一点也不认识你”时，禅机已如狂风骤雨，劈头盖脸打来，可怜饭头愚鲁，竟然不知所云，莫名而去。

另一记载：

普愿禅师一天在园子里喝茶，看见一个小和尚从小径走来，

就将杯底的残茶泼了过去。小和尚回头一看，见是普愿禅师，便露齿笑笑，禅师也笑，并跷起一只脚，小和尚不懂，禅师便起身回了方丈室。

这小和尚还是有些伶俐，晚上便一个人摸到到方丈室，大有让师父传授上乘心法的意思。

门果然开着，禅师正在打坐，看见小和尚，便问："你来干什么？"

小和尚行了礼，垂手道："师父今天在园子里用茶泼我，岂非暗示？"

禅师看了他一眼，缓缓道："那么我后来跷起一只脚又是什么意思？"

小和尚张口结舌，无言而退。

在这两则公案里，禅机稍纵即逝，在电光石火间，快捷如箭。参得透便悟，参不透便惑。

人生天地间，以无为有，以变为常，四时嬗递，苦乐交集。虽偶有赏心悦目之事，得之于一时片刻，过后便香消玉殒，总是空。

《金刚经》云：

一切有为法，如梦幻泡影，如露亦如电，当作如是观。

天空，地空，万法皆空，忧苦悲伤是空，男欢女爱也是空，何为禅？何为法？何为我？何为人？何为惟严及饭头、普愿与小和尚？何为神秀与惠能、顿悟与渐悟？一切不过镜花水月、篱落蝶梦而已……

当下长夜漫漫，晚风清凉，月朗星稀，停笔入息。古今多少事，都付睡梦中。

马祖 打牛打车

磨砖既不成镜，坐禅岂得作佛

南岳怀让是惠能亲传的五大宗匠之一。一日，六祖对怀让云：“西天般若多罗祖师识汝（怀让）座下，出一马驹子（马祖道一），踏杀天下人。”

这里六祖说的马驹子就是唐代著名的马祖道一禅师，开创洪州宗。

史书说他容貌奇异，牛行虎视，舌头长得可以触到鼻，脚下有二轮文。谥号大寂禅师。

马祖十二岁出家，二十六岁时行至衡山半山结庵而住，欲求成佛，日夜坐禅。

当时南岳怀让禅师住持般若寺，得知一人日夜坐禅，脚有二轮文，精进求法，气场绝妙，十分欢喜。

怀让往来几次观察马祖，见他天生异象，知是个法器。

无奈马祖求道心切，对一切外缘无动于衷，也不认识大和尚，任怀让在身边来往，竟然视而不见。

《五灯会元》卷三记载：

开元中，有沙门道一（即马祖道一禅师），在衡岳山常习坐禅。

师(怀让)知是法器,往问曰:“大德坐禅图甚么?”

一(马祖道一)曰:“图作佛。”

师乃取一砖,于彼庵前石上磨。

一曰:“磨作甚么?”

师曰:“磨作镜。”

一曰:“磨砖岂得成镜邪?”

师曰:“磨砖既不成镜,坐禅岂得作佛?”

一曰:“如何即是?”

师曰:“如牛驾车,车若不行,打车即是,打牛即是。”

一无对。

这里怀让禅师把马祖问得无言以对了。牛驾车,车不走,是打牛还是打车? 若疑惑于“该打牛? 还是打车?”早已迷失怀让禅师之意了也。

师(怀让)又曰:

“汝学‘坐禅’? 为学‘坐佛’?

若学‘坐禅’,禅非坐卧。若学‘坐佛’,佛非定相。于无住法,不应取舍。

汝若坐佛,即是杀佛。若执坐相,非达其理。”

一(马祖)闻示诲,如饮醍醐,礼拜问曰:“如何用心,即合无相三昧?”

师曰:“汝学心地法门,如下种子。我说法要,譬彼天泽。汝缘合故，当见其道。”

又问：“道非色相，云何能见？”

师曰：“心地法眼能见乎道，无相三昧亦复然矣。”

一曰：“有成坏否？”

师曰：“若以成坏聚散而见道者，非见道也。”

那什么是有“成住坏空”？就是“相”，而不是“性”。人世间成住坏空、刹那生灭；唯有“性”不生不灭、不垢不净、不增不减，须臾不曾离开的。能被“取舍”的就是“相”，而不是“性”。

师曰，听吾偈：

心地含诸种，遇泽悉皆萌。

三昧华无相，何坏复何成！

马祖至此醍醐灌顶，彻见本性，当下磕头拜师，侍奉怀让十年，尽得禅法精要。

其实，怀让指出的是方法问题，马祖坐禅的方法不对，磨砖既不成镜，坐禅岂得作佛？车不走，过不在车，如果对车痛加鞭打，徒然枉费心力，正如坐禅成佛，是用错了功夫一样。

在人生的过程中，谁都不免于“求”，然而求的结果是否圆满，在于走的路是否正确，修行的人如果修法不对，会走许多弯路。坐禅是外求，正如磨砖作镜；悟道在心悟，心悟非内求不可，方符合直指人心，见性成佛之禅理。

不识庐山真面目，只缘身在此山中。所以，平时生活中，我们执著地追求的时候，需要跳出圈外看问题，更多的从内省做起，清楚我们的目的，和实现这一目的方法是否正确。如此细细剖析，定会摆脱“打牛打车？”的误区，着意那驾车的汉子，找出问题的根源所在，对症下药。

在现实生活中我们恰恰是做着很多车不走“打车”或者“打牛”的傻事。就是不想想车的速度和开车的司机有不可分割的关系。比如：我们想求平安幸福，去烧香拜佛，却不在意自修自度，自利利他。我们想实现人生理想，只知道追求物质财富，得不到就不断抱怨外界环境，人心叵测，却不考虑提高个人修养，在和别人交往中，都想赢得别人认同，但只知道抬高自己，却不愿意赞美他人。《大学》中说：“物有本末，事有终始，知所先后，则近道矣。”我们老是舍本求末，当然不得近道。

前后际断，新新不同

马祖自从在南岳得道后，在当时的影响力日益增大。他决定回四川老家弘扬佛法。家乡的人听说高僧马祖来川传法，都前去谒拜。

可当人们发现马祖就是本地人，父亲是清贫的马簸箕时，都深感失望，对马祖传的法根本没有人愿意听，马祖因此无限感慨，叹道：

学道不还乡，还乡道不香。

然而马祖的嫂子十分诚恳，想请他开示。

马祖想了想，对她说："你把一个鸡蛋用绳子悬挂在空中，早晚都去听，听到声音时，那你就得道了。"

嫂子照办了，等马祖走后，她早晚都去听，连续听了三年，根本听不到任何声音。突然有一天，旧绳子受潮突然断了，鸡蛋落地，发出响声，嫂子顿时大悟。

八万四千法门中开悟的路有许多条，如果没有信心，朝三暮四，根本不可能悟道，因此，法并无高低，重要的是受者的心，信心不二才能得道。

马祖后来在江西大开法门，度人无量，但他不允许弟子们回家乡弘法，就是因为他自己的这段经历。

世人的普遍心理，就是习惯用旧的眼光去看待已经改变了的人和事物，针对这种心理，僧肇《物不迁论》中有详细论述。

现代哲学大师冯友兰曾遗憾地说："僧肇三十岁就死了，否则他的影响会更大。"

僧肇在《物不迁论》开篇即说：

> 夫生死交谢，寒暑迭迁，有物动流，人之常情。余则谓之不然。何者？《放光》云："法无去来，无动转者。"

意思是说：一般人总认为生死交互代谢和寒暑更迭变迁，事物的流转变动，是人之常情。我以为并不如此。因为《放光般若经》说："事物无去无来，也没有运动转变。"

为什么会这样呢？僧肇说：

> 法若常住，则从未来到现在，从现在到过去，法径三世，则有去来也。以法不常住，故法无去来也。

这句话是在说无常。僧肇认为，法若常住，则会有从未来到现在，从现在到过去的过程。他认为法无来去，事物也无来去。

僧肇用"梵志回家的故事"来证明这个思想。他说：

> 何者？人则谓少壮同体，百龄一质，徒知年往，不觉

行随。是以梵志出家，白首而归，邻人见之曰：昔人尚存乎？梵志曰：吾犹昔人，非昔人也。邻人皆愕然，非其言也。所谓有力者负之而趋，昧者不觉，其斯之谓欤？

他的意思是：一般人总认为人从少年到壮年是同一个躯体，即便活到一百岁，也还是这个躯体。他们只知道年龄在消逝，而不感到人的躯体随着年龄一同变化。梵志少年出家，头发白了回家，邻人们见了他，说从前的梵志还在吗？梵志说，我好像是当年的梵志，又好像不是当年的梵志。邻人听了感到惊讶，认为他乱说。梵志虽然每时每刻存在着，但此刻白发回家的梵志已经不是过去少年出家的梵志，身心俱不同。老年的梵志再也不可能回到少年的梵志，我们的常情认为是梵志随着时间只有身体上的"变化"，其实，从白发的梵志来看过去的梵志的话，过去的梵志是不存在的。人们看到的是"不真实的假相"而已。因为"物不相往来"，所以在现在的梵志这里不能找到过去的梵志。当然，我们更不可能从过去的梵志那里找到现在的梵志。

僧肇在《物不迁论》中还说：

故仲尼曰："回也见新，交臂非故。"如此，则物不相往来，明矣。

所以孔子对颜回说：我和你交臂之顷，所见已是新新非故了。交臂的一刹那，已经不是原来的你了，你只不过是同一个"假名"而已。事物的存在只是生灭相续而没有流转往来。相续是两个事物之间的联接,往来是一个物的从此至彼。往来之中并没有往来者,运动就是寂静,所谓“徒知年往,不觉形随”。前一刻的事物不是后一时刻的事物,今年的我已不是去年的我;又如火的种子,前一秒钟的火不是后一秒钟的火。这就说明事物只是生灭相续并没有往来流转,也未尝往来运动,而只是“各性住于一世”。

僧肇在《注维摩》中已阐述过关于“物不迁”的问题,他对经文“法无有人,前后际断故”解释时说:

> 天生万物,以人为贵,始终不改谓之人,故外道以人名神,谓始终不变。若法前后际断,则新新不同;新新不同,则无不变之者;无不变之者,则无复人矣。

意思是,“法”没有永恒不断的联系作用,也就是刹那生灭的,就是说,事物没有一种永恒存在的性质。人是天生万物中最珍贵的,始终不改名而一直称之为人,所以外道也把这样的人称之为神,说神是从始至终永不改的。其实没有不变的法。既然万物都在不断地变化,那就没有所谓的“始终不变”的人和事物;既然没有不变的东西,那么一切都是变化的。

一切事物都没有永恒不变的自性,每个自性都存在于每个事物的现象中,现象的本性都是在刹那变化的,尽管它在表象上不断地延续,但是它的本性是不断变化的。僧肇从梵志的例子来论证他的物不迁思想。僧肇认为,从现象相上来讲,现在的老年梵志是从少年梵志延续下来的,但是从梵志的本性来看,少年的梵志只存在于少年时期,而现在的梵志是老年的梵志,这就是“前后际断”的意思,也就是“新新不同”的意思。

僧肇在《物不迁论》中还说：

> 既知往物而不来，而谓今物而可往。往物既不来，今物何所往？

意思是既知过去的事物不能保持原貌来到现在，那现在的事物怎么能恢复过去的原貌呢？

我们现代人的痛苦，多数是执著而来，不理解事物和人心的变化性，人每一秒钟有无数念头，每个念头都可能带来改变，我们老是想抓住不变的东西，好像这样才有安全感，才稳定，或者对现实不满，想回到过去的辉煌，或者想保持现在的美好，不要改变。

我们的心不是活在过去，就是活在未来，不是想轻信承诺，就是想一劳永逸。这些都是世人的幻想，世间万物时时刻刻都在变化，抓得越紧的东西往往跑得越快，所以禅强调随缘。随缘自在，随缘即应，随缘而形。跟着变化，适应变化，时刻保持清净无为的心，理解物质本性空的道理，就不会执著在感情、贪念、痴迷、事业、权力、欲望中不可自拔。

平常心是道

马祖一日示众云：

道不用修，但莫染污。何为染污？但有生死心，造作趋向，皆是染污。若欲直会其道，平常心是道。何为平常心？无造作、无是非、无取舍、无断常，平凡无圣。

什么是马祖说的“平常心”？平常心表现在日常生活中就是“直心”，日常生活中，喝茶、吃饭、搬柴、运水，皆与道保持一体；那么行住坐卧起居就是禅法，我们平常的生活就是道。惠能讲“但行直心，于一切法，勿有执著”，马祖说“行住坐卧，应机接物，尽是道”。这种“直心”和“平常心”，实即是日用事中无取、无舍、无执著的心行。

《维摩诘经》说“直心是道场”，直心就是真诚心，是清净、平等、正觉的心。正直而无谄曲的心，需要有耿直、刚正不阿的意志的人才会有直心。

我们平常有太多的人为造作，陷于人事纠结、是非好坏中无法脱身，种种攀缘、谄曲、分别，以致失落，心不能平衡而失去宁静。我

们回归自然，让心处于质朴平直的状态，恬然淡然，自然而然，所以这个平常心既不是我们的烦恼心、机巧心，也非圣贤们的种种胜见胜解，这颗心应该是不增不减、不生不灭、不染不净，处于中道，就是当下现实之心。故平常心，是指眼前之境就是真心的显现，当下就是真理，不需要到遥远的地方追寻。

“平常心是道”这种思想的根源在于《维摩·弟子品》中，维摩诘批评舍利弗在林中宴坐，他说：“不舍道法而现凡夫事，是为宴坐……不断烦恼而入涅槃，是为宴坐。”把“道法”和“凡夫事”，“烦恼”和“涅槃”统一起来。惠能继承了这种思想，并发展为“烦恼即菩提”的不二法门思想。

日本著名学者忽滑谷快天在《中国禅宗思想史》一书中指出：“《肇论》对禅宗的影响很深”，“后世禅师言平常心即道，与《肇》此说没什么不同。此万古不变之铁案也。禅门之宗师横说竖说，千言万语，不出《肇》此论之外。”

什么是“道”？

僧肇对“道”的解释是：

道之极者，称曰菩提，秦无言以译之。菩提者，盖是正觉无相之真智乎！其道虚玄，妙绝常境。聪者，无以容其听；智者，无以运其智；辩者，无以措其言；像者，无以状其仪，故其为道也。开物成务，玄机必察，无思无虑。然则无知而无不知，无为而无不为者，其唯菩提大觉之道乎！此无名之法，固非名所能名也，不知所以言，故强名曰菩提。

就是说“道”达到了极致，就称它菩提。梵文“菩提”的概念，用汉语来讲，很难有对应的一个词语来表达，如果从意义上来解释，菩提是正觉无相之真智，所以说菩提非常幽玄，非常虚极，妙绝常境，不同于平常见到的现象。如果常境，我们是可以听，可以想，也可以用语言来表述，也可以用形象描述，但是菩提是妙绝常境，因此耳朵再好的人也听不到它有什么样的声音，智者也无法想象它是个什么样的东西，能言辩的人也不知道说什么才能够把它说清楚，描述的人也没法形容它。正因为这样微妙无相，就不可为有。但是，它的作用无所不在，用之不竭。因此，它可以照明一切的东西，但自己并不明亮；它可以说是无处不到的轨道，但它又不是一条坦荡大道；大包天地无所不包，但它又没有显现出任何的形象；没有任何一种困惑它不能够帮助你解决，但没有任何的欲望或追求。僧肇所说的这四句话，实际上是描述了菩提的无所不知、无处不到、无物不包、无惑不解的功能。僧肇进一步阐述菩提的微妙无相之理，可以到达一切的地方，也就是它可以创造万物，它可以成就一切的事物，一点点的动向它都能够考察得到，可是它又是无思无虑。僧肇用《周易》“开物成务”来描述菩提的作用。由此看来，菩提是“无知而无不知”，也“无为而无不为”，这就是菩提大觉之道。

这也是老子在《道德经》中说的“道可道，非常道”。

僧肇进一步阐述极致之道的不思议之四种功能，他说：

> 夫圣智无知，而万品俱照；法身无象，而殊形并应；至韵无言，而玄籍弥布；冥权无谋，而动与事会。故能统济群方，开物成务，利见天下。

僧肇讲“圣智无知而万品俱照”。“圣智”是指般若智，或者佛的智慧，也可以说是最高的圣人智慧。僧肇在这里强调最高的一种智慧、最高的本性、最高的文字语言、最高的权谋，是无知的、无相的、无言的、无谋的，可是它能够无所不知、无所不应、无所不在、无所不合。正因为它的这种特性，“故能统济群方，开物成务，利见天下”。能够把所有方面的内容都统一在一起，由此而“开物成务，利见天下”。僧肇用《周易》“开物成务”来说明智慧不可思议的功能。意思是说，它成就了各种各样的事物，生长出各种各样的事物，这些事物都可以为人们所用，为天下所用。

求道者的执著之心，他们把“道”看作实有或实体。僧肇认为，所有这些不可思议都是“无为”的，可是迷惘的人们，看到形、言、权、智等现象就产生执著分别之心。其实，达到了“道”的极点，不可能用“形、言、权、智”来描述神妙莫测的这样一种状态。可是众生在睡梦之中，还未觉醒，所以虽然是不可言说，还是需要有所言说。这个言说应该使一些长寝的众生能够明了佛法的道理。“道不孤运，弘之由人”，“道不孤运”，“道法”不会自己运转，而是需要有人弘扬。

僧肇在《注维摩》序文中说：

> 统万行则以权智为主，树德本则以六度为根，济蒙惑则以慈悲为首，语宗极则以不二为门，凡此众说，皆不思议之本也。

僧肇以四句来说明不思议之本，他也有强调“权智”的不思议之本义：

智慧远通，方便近导，异迹所以形，众庶所以成，物无不由，而莫之能测，故权智二门，为不思议之本也。

他在这里阐述了权智的重要性。智慧（智）和方便（权）是引导众生的善巧法门，用智慧让他领会诸法皆空的根本的真理，用方便让他认识诸行无常等有为法的虚幻而修佛法，这就是大乘菩萨度众生的善巧法门，权智、六度、慈悲、不二等四种精神都是大乘菩萨的根本精神。

这是说，佛法八万四千门，要修哪一种，或是采取哪一种来教化众生，这取决于哪种法门最对机缘，最合适。

平常心是道，就是说要和这些玄妙的不可思议的最高的道契合，完全可以在日常生活中禅修。这一点与小乘的四禅法、天台宗止观禅法、神秀的北禅法等需要专门去修禅的宗派有较大的不同。他们都重视打坐，每天除了吃睡等基本生活和研究经典之外，尽量多安排时间禅定打坐。他们把修禅和生活分成两件事情，所以打坐时与平时生活的精神状态不一样。惠能禅主张定慧不二禅法，在打坐时与平时，虽然外在的形态不一样，但是内在意识是没有差别的，都是在分别意识当中也能保持无分别之禅定状态，这与《维摩诘经》宣扬的“不舍道法而作凡夫事”、僧肇提倡的“终日凡夫，终日道法”的“道俗一观”不二法门的境界，是一脉相同的。

惠能的这种定慧不二禅法，经过玄觉“行亦禅，坐亦禅，语默动静体安然”的弘传后，到马祖，就更明显地演变为“平常心是道”的生活禅。

公元788年，马祖结跏趺而逝，临终他对身边弟子说：“日面佛，

月面佛。”

“日面佛，月面佛”是什么意思呢？我们生活中四季变化，日夜交替，我们在白天，为外境所牵，在夜里为梦境所扰，我们自己做不了自己的主，我们也不知道自己生命的主人在哪里，如果没有保持无造作、无断常、无取舍、无市侩这四无的心，我们不可能得到这种真正的自性，成佛都离我们甚远。所以说要保持平常心，无论白天还是黑夜，每时每刻在任何一个时空里面，我们都能够见到自己的内心，摆脱一切外境对我们内心的干扰，始终保持清澈，保持直心，才能够得到真正的解脱。

即心即佛，非心非佛

一天马祖升堂，对众徒说：

你们要自信自心是佛，此心即是佛心。达摩大师不远万里从南天竺来中国，传最上乘的明心之法，目的就是要你们开悟。老祖外以法衣表信，内以《楞伽经》印心。

为什么要以《楞伽》印心？这是怕你们这些人颠倒，不能自知此心即是佛，不明此心各自都有。

《楞伽》大经，千言万语，说个什么呢？佛语心为宗，无门为法门。

求法的人应无所求。

心外无佛，佛外无心。

所谓的善并不足以追取，所谓的恶也不足以舍弃，这都是偏执的一边之见。无善无恶，不思善也不思恶就是净秽双遣，真俗不二。

欲界、色界、无色界本不实存，全由心生，心是万物的根本。森森万象，品物流杂，都是一法所派出。凡是所见的现象，都是心，见象就是见心。

心不是空洞的，它因现象而展现。

你们说法论道，只须随事而变，事也好，理也罢，都要无所挂

碍，无所粘滞。

修证菩提道果，也是如此。

心所生的，就是色，色就是空。知色是空，生即不生。

若了此意，方可谓之随时流转。穿衣吃饭，都是养育圣胎。任运随时，此外还有什么事？

六祖之前，禅宗以《楞伽经》印心。经中有“佛语心第一”的话，所以禅宗被称为佛心宗。在达摩度二祖、二祖度三祖时，都有“安心”的故事。所谓的安心，即与《楞伽》有直接的关系。“安心”是自初祖至四祖禅法的重要特征。从五祖弘忍开始，就改变单纯以《楞伽》印心的做法，开始诵读《金刚经》《维摩诘经》等法典。到六祖就开始正式用《金刚经》为印心的教典了。

马祖的这一番话，是在以《楞伽经》，解《金刚》无住法，说来说去重点是一个“信”字，信什么？信自心，信自性，用心良苦，朴实无华。三祖僧璨作影响深远的《信心铭》对应马祖此处的苦口婆心，算是一脉相承了。

悟道机缘

马祖禅师门下极盛，号称“八十八位善知识”，法嗣有一百三十九人，后西堂智藏、百丈怀海、南泉普愿和大珠慧海号称洪州门下四大士。百丈怀海下开衍出临济宗、沩仰宗二宗。马祖是四川历史上最具影响的文史名人之一，与司马相如、李白、苏东坡齐名。

代宗大历4年(公元769年)，马祖来到洪州(今江西南昌市)的开元寺说法，四方信徒云集，入室弟子百人，使开元寺成为江南佛学中心，洪州禅由此发源。和师父怀让相比，马祖是广授门徒的禅师。怀让那一辈人如果是静修僧的话，马祖则是开宗门的一代。江西的洪州禅法嗣广布天下，影响深远，与青原一系下的石头宗遥相呼应，自此禅宗极盛。

马祖有自己独特的教育弟子方法，平日通过点拨，故事，批评甚至是严厉的辱骂之类的行为，一举手一投足都在于惊醒梦中人开悟，他认为，成佛不是一个高深莫测、难以企及的境地，是我们能够将受到负累、受到约束的思想解脱的方式，能够瞬间放下执迷。

一个官吏初入江西，问马祖：“弟子平时是饮酒吃肉对呢，还是不吃？”

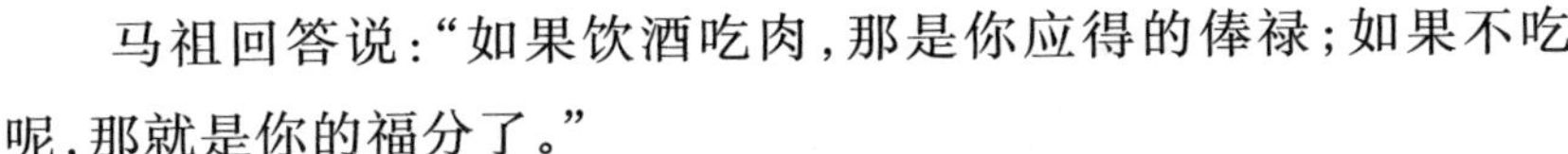

马祖回答说:“如果饮酒吃肉,那是你应得的俸禄;如果不吃呢,那就是你的福分了。”

日常生活中,随时随地都有机缘让你悟道。

又一僧问马祖:“如何是祖师西来意?”

师便打,乃云:“我若不打汝,诸方笑我也。”

祖师西来意,到底是什么?

祖师西来,意在说破诸人本有。学人不识自家本有,以为祖师西来,是为了一个“可以口耳相传的秘密”,所以,探出头来,向禅师口里讨消息,向纸墨文字里求答案。所以,禅师予以棒喝,以断学人的颠倒妄想,令学人于颠倒妄想断时,真真切切地识得这个“恒常不断”的“道”。故曰:“百姓日用而不知。”“只为有而不知”,所以,祖师西来,特来说破此事。

人如果在理路上去解会禅,那么,必然愈解而缚愈坚,愈辩而义愈远。因此,马祖用棒喝之法,顿脱人的意解缠缚。试想,一个学佛多年、理论素养亦颇高的人,冷不防被棒喝,于此棒喝之下,只是个大脑一片空白,一念亦无,历历孤明。

纯禅时代,禅师多用反问,使学人体证自家真心。禅机时代,禅师多用棒喝,使学人于妄念顿断的当下,识得自家本真。

又,灵云睹花与见色明心。

佛陀睹明星而悟道,迦叶见拈花而会心,灵云禅师见桃花而开悟。

灵云禅师,福州人也。偶睹春时花蕊繁花,忽然发悟,喜不自胜。乃作一偈曰:

三十年来寻剑客，几逢花发几抽枝。
自从一见桃花后，直至如今更不疑。

又，师（归宗智常）问：什么处去？

答曰：诸方学五味禅去。

师曰：诸方有五味禅，我这里只有一味禅。（按：一味具足百千味，何止五味？一味属本，五味属末，执本统末，则一切全收。若不解一味，却往眼花缭乱的末端法相上著意，则虚营自绕，不得解脱。）

问：如何是一味禅？

师便打。（按：一棒之下，已呈一味。见即当下见，千圣不传。）

僧曰：会也，会也。

师曰：道！道！

僧拟开口。

师又打。（按：只逼得此僧起念不得、开口不得，所谓"言语道断，心行处灭"。"言语道断，心行处灭"是道体否？答曰：道体能语默动静，语默动静却不是道体。若语是道，那么，默时道在何处？若默是道，那么，语时道在何处？若动是道，那么，静时道在何处？若静是道，那么，动时道在何处？学人须于"言语道断，心行处灭"时，于自己的当下识得这个"不落断灭"的"道"，方为禅门之究竟了义。）

在归宗智常的一通棒打逼问之下，学人的一切佛法，一切知见，冰消瓦解，荡然无存，唯此"历历孤明的一真心体"朗然独照。正与此时，若能豁然省得这个"朗然独照"的"道"，便开悟了。禅

悟,如花开见佛,不是隔绝尘境世缘而苦苦寻悟,不是息念守静而默默等悟。

这就告诉我们,执著越深,开悟的障碍也越大。因此,马祖的弟子们,以无门为法门,棒喝棍打,尽是破人迷惑执著的方法,从不墨守成规,而是各展手段,尽显风姿。

禅,是灵动活泼之禅,禅师们的悟道机缘不尽相同,几乎没有在禅定枯坐中实现的。马祖之悟,缘于怀让禅师磨砖为镜。百丈之悟,缘于马祖扯鼻痛斥。禅师们顿彻本源虽然情景各异,但关键在于平时都保持了修的心,悟与不悟便是等机缘和合了。

农禅并重

在中国佛教史上，曾经发生了四次较大的灭佛事件。这就是北魏太武帝灭佛，北周武帝灭佛，唐武宗灭佛，后周世宗灭佛。这四次灭佛事件，唐武宗灭佛是发生在国家统一时期，因而全国范围内灭佛，影响远远超过其他三次。

唐太宗晚年留心佛法，再者，因爱玄奘之才，所以曾亲自写了《大唐三藏圣教序》，宣扬佛法，并下令度僧尼18000余人。至武则天时，更是大力推崇佛教，神秀禅师尊为国师，到处造佛像，建大庙。以后的高宗、中宗、睿宗都信佛，佛教势力迅速膨胀，寺院极尽奢华。宪宗时还举行迎佛骨的活动。代宗时下诏，官吏不得"箠曳僧尼"，僧尼犯法也不能绳之以法。当时关中的良田多为寺院所有。

唐武宗早年信道，继位后，决定废除佛教。他认为废佛是"惩千古之蠹源，成百王之典法，济人利众"(《武宗本纪》)的唯一办法。唐朝自安史之乱后，国力衰退。盛唐时期那种对外来文化兼容并蓄、完全开放的勇气和信心丧失殆尽。会昌三年(843年)四月，朝廷"命杀天下摩尼师，剃发令著袈裟作沙门形而杀之"。

会昌五年八月，灭佛结果为："天下所拆寺四千六百余所，还俗僧尼二十六万五百人，收充两税户；拆招提、兰若四万余所，收膏腴上田数千万顷，收奴婢为两税户十五万人。"(《武宗本纪》)

其后不久，唐末农民战争爆发，对佛教又是一次冲击。由于寺院经济被削夺，僧尼被迫还俗，寺庙遭毁，经籍散佚，致使佛教许多宗派惨遭灭门之灾，当时如法相宗、天台宗等，由于贵族色彩浓厚，生活自理能力差，依附士大夫的布施，理论又深奥，因此一落千丈，渐渐式微。

而禅者因为散居山林中的独特修行方式幸存下来，马祖在危难中看到了其中的机缘。由于禅门不依靠豪华奢侈的殿堂、佛像、法物、仪式，又直指人心，见性成佛的理论较为适合群众，加上禅者从不排斥生产劳动，主张自力更生，因此比其他宗派更能适应不同环境，所以在这种情况下不但没有受到太大的影响，反而获得了生存发展的机会。

马祖当年在师父南岳怀让座前得道以后，先往曹溪参拜六祖肉身，后来到江西赣州东郊，开始大开禅门，始创丛林。在马祖以前的部分禅僧修行是依"乞食"的印度传统，他们有的过着散居岩穴或寄居律寺的居无定所式的生活。中国的社会环境与印度不同，靠乞食生活非常困难。在印度，佛教规定僧人不可种田耕地，僧人受到社会各界的普遍尊敬，以供养僧人为功德，可中国人历来对乞食的人存看不起的态度。

有部分禅者寄住于律寺，马祖于唐大历年间开丛林安禅侣为标志，禅者从律寺中独立出来而使禅宗农业以独立的角色得到发展，既得到了社会和信众的土地供养，同时也形成了自己的特色农业生产。由于佛教强调众生平等和不杀生，认为农业生产劳动如锄地等会伤害无数的地下生命而得无量罪孽，同时也为抑制物欲，因而佛教反对出家人“安置田宅，一切种植，斩伐草木，垦土掘地”。

《十诵律》《梵网经》等诸本戒律对此都严加禁止。马祖建丛林的同时，提出了反“乞食”的新思路，破除不许农业劳动的戒律，农禅并重。他主张寺院应该自耕自食，不依赖居士、士大夫、朝廷供养，至此，马祖实现了禅宗史上最伟大的改革。对禅宗的生存和发展，提供了一个坚实的保障，可以说马祖是佛教真正中国化的第一位大师，马祖完成了中国禅创造性的转化。

农禅既是禅门赖以生存和发展的经济基础，也是禅者所必修的一个“觉悟”法门。融禅于农、以农悟道，禅者长期开垦荒地，“一日不作一日不食”是农禅的最大特点。“农禅并重”的文化传统是中国禅文化的重要组成部分。把修行和农业劳动结合起来，“默耕田地，力锄葛藤”，“泥泥水水一年农”，不仅能砥励心志，也是文化中的耕读传统在禅林中的体现。

唐德宗兴元元年（公元784年）马祖弟子怀海禅师入百丈山大扬禅风。

百丈怀海禅师提出的禅门新制度，别立禅居之制：尊“长老”为化主，处之“方丈”；不建佛殿，只树“法堂”，学众尽居“僧堂”，依受戒年次安排；设“长连床”，供坐禅偃息；阖院大众“朝参”“夕聚”，长老上堂，徒众侧立，宾主问答，激扬宗要；“斋粥”随宜，二时均遍；又行“普请”法，上下均力；事务分置十“寮”，置首领主管等等。（《景德传灯录》）

这些就成了丛林新例，世人称为《百丈清规》。自此，禅宗僧人

正式脱离律宗寺院，独立发展。《百丈清规》提出的僧众应饮食随宜，务于勤俭，全体僧人均须参加劳动，“上下均力”“一日不作一日不食”的精神是禅宗历久不衰的一个重要保障。

丛林以无事为兴盛。修行以念佛为稳当。
精进以持戒为第一。疾病以减食为汤药。
烦恼以忍辱为菩提。是非以不辩为解脱。
留众以老成为真情。执事以尽心为有功。
语言以减少为直截。长幼以慈和为进德。
学问以勤习为入门。因果以明白为无过。
老死以无常为警策。佛事以精严为切实。
待客以至诚为供养。山门以耆旧为庄严。
凡事以预立为不劳。处众以谦恭为有理。
遇险以不乱为定力。济物以慈悲为根本。

禅者并不仅仅把务农作为谋生的手段，更是作为触类见道、直指本心的修行方式，实质上即是从劳动中悟修行，以修行促劳动。

现代学者胡适指出：真正的中国禅宗不在惠能，而在马祖道一。

《祖堂集》《五灯会元》等典籍记载了不少禅者务农时斗禅谈玄之精彩，展示了劳动带来的快乐，及悟到的禅修真谛。唐朝布袋和尚偈：

手把青秧插满田，低头便见水中天。
心地清净方为道，退步原来是向前。

大珠　有情成佛

宝藏本有

大珠慧海禅师是唐代高僧，出生于建州（福建），俗姓朱，年轻时在越州大云寺智和尚座下剃度出家。

他的悟道机缘在《大珠禅师语录》有记载：

> 师（慧海）初至江西，参马祖。
>
> 祖（马祖）问："从何处来？"
>
> 曰："越州大云寺来。"
>
> 祖曰："来此拟须何事？"
>
> 曰："来求佛法。"
>
> 祖曰："自家宝藏不顾，抛家散走作什么，我这里一物也无，求什么佛法。"
>
> 师遂礼拜。问曰："阿那箇是慧海自家宝藏？"
>
> 祖曰："即今问我者，是汝宝藏，一切具足，更无欠少，使用自在，何假向外求觅。"
>
> 师于言下大悟。

说的是大珠慧海禅师初次参见马祖道一时，马祖问他："你从什么地方来？"他说："从越州大云寺来。"马祖又问："来这里想做什么呢？"他说："来求佛法。"马祖说："我这里一物也没有，求什么佛法？你不顾自家的宝藏，抛家散走有何意义？！"他问："什么是慧海的宝藏呢？"马祖回答他说："现在问我者，就是你的宝藏。一切具足，更无欠缺，使用自在，何需外求？"慧海听后就认识到了自己的本心。由于内心充满了喜悦，他不由自主地伏地叩头，礼谢马祖如降甘霖般的开示。

这则公案非常有名，经常被人引用。在这里，马祖单刀直入，直指人心。指出要点有二：一、每一个人本自具足自性，但却喜欢抛却自家宝藏、向外寻求；二、自性不离见闻觉知，不可在见闻觉知之外去寻找自性。能不能当下息却分别心、取舍心。大珠禅师当即彻悟侍奉师父身边六年。

大珠禅师求法是指他修行的目的，因为存在修者想悟道成佛的目的，所以有佛法存在，佛法包括一切法，也包括一切皆空、实相般若等佛理。宝藏是指自性。禅宗所说自性就是本性（佛性、真如、法性），强调自心内求。但自心内求和佛经说的"心不在内，也不在外，也不在中间"的说法是矛盾的。

那么，为什么这么强调心的内在和外在呢？这其实与佛教当时的情况有直接关系。中国佛教经过南北朝的发展以及隋朝和初唐，从经济上、思想上、社会地位上皆已达到顶峰，特别是在梁武帝和武则天的支持下，佛教的经济和其他外在条件都已经很好了。但在此发展过程当中，也产生了不少反面作用。比如，有些佛教僧众在思想上已经产生了佛与众生的差别，他们心中的佛是外在庄

严的三十二相宏伟的佛，而不是真正的诸法平等的无分别之佛。惠能至大珠时期的佛教，都存在这种现象。所以惠能为了破除这种弊病，采取内求的说法。但从佛法的本质上来看，是主张平等一如，无所分别，不执著无为法，也不执著有为法的。

从引导众生的角度来看，原始佛教、部派佛教、大乘佛教、当今佛教都采取与当时当地适合的法门。所以，禅师们主张的内求法门也是按照这些个道理来设置的。因此他们多重视把佛与自心统一起来，不要执著外在的庄严佛，也不要执著各种门派所提倡的各种法门，这就是佛法僧三宝不二。

慧海禅师在马祖身边韬光养晦六年，后因师父智和尚身体欠佳，回归越州，撰写了《顿悟入道要门论》。马祖看完后告诉众人说："越州有大珠，圆明光透自在，没有任何遮障的地方。"世人由此称禅师为大珠和尚。四海之众齐聚越州拜会大珠禅师，人越来越多，白天、夜晚都有人提出问题，逼不得已，大珠禅师只好随问随答，其智慧犹如泉涌，其辩才自在无碍。

赞曰：

宝藏久埋，抛家外走，逢人指出，始知本有。
照用无方，龙吟狮吼，入道无门，师辟其牖。

有情众生

普度众生是大乘佛教的核心思想，大乘佛教修菩萨行就是为了普度众生。

所谓“度”，度到哪？到彼岸，彼岸是悟道、见性、解脱、自在，而我们现在所处的是此岸，此岸是烦恼、贪欲、无明。此岸到彼岸中间是海，渡船是法。

如是灭度无量无数无边众生。

众生是谁？众生是未到果位的菩萨。

菩萨是谁？菩萨是已经开悟的众生。

何为普？便虚空尽法界，广泛为普。

无分别心，平等无差别为普。

何为渡？六度万行为渡。

四摄方便为渡。

自利利他为渡。

为何要渡？因为众生本就是佛，众生皆有佛性。

那什么是众生？

众生在巴利语称satta，又译作有情。原意为执著、执取。

《清净道论》中说：

> 有情者，以欲贪对色等诸蕴执著、执迷为有情。如世尊这样说："拉塔，若对色欲求、贪爱、喜欢、渴爱、执著、执迷，所以称为有情。若对受、想、行、识欲求、贪爱、喜欢、渴爱、执著、执迷，所以称为有情。"

佛教常用有情表示一切拥有命根的生命。

"众生"一语，普通指迷界之有情。

《杂阿含经》云："佛告罗陀，于色染着缠绵，名曰众生；于受、想、行、识染着缠绵，名曰众生。"

《大智度论》云："但五众和合故强名为众生。"

《大乘同性经》云："众生者，众缘和合名曰众生。所谓地、水、火、风、空、识、名色、六入因缘生。"

《不增不减经》云："即此法身过于恒沙无边烦恼所缠，从无始世来，随顺世间波浪漂流，往来生死，名为众生。"

自佛陀以来,佛教的功能是教化众生,普度众生,服务的对象是世间活着的人,而不是出世间的佛以及死了的人。做法事超度,念经,开光这些事情,佛陀在世时都没有做过。佛法的出发点本身就是济度芸芸有情众生,令他们在不离世间的环境下解脱成佛。

《大珠禅师语录》云:

> 师(大珠)讲《华严》。
>
> 座主问:"禅师信无情是佛否?"
>
> 师曰:"不信。若无情是佛者,活人应不如死人,死驴死狗,亦应胜于活人。《(维摩)经》云:'佛身者,即法身也。从戒定慧生,从三明六通生,从一切善法生。'若说无情是佛者,大德如今便死,应作佛去。"

有人问正在讲《华严经》的大珠禅师,禅师你相信无情也能成佛吗?大珠对问的人说,我不相信无情可以成佛,如果无情也能成佛的话,活人应该不如死人,那死了好了,比活的时候更殊胜。《维摩诘经》云:佛身者,即法身也。从无量功德智慧生;从戒、定、慧生,从解脱、解脱知见生;从慈悲喜舍生;从布施、持戒等生。所以悟道成佛是人的事情,情和佛不二。

佛的心是有情的,而不是无知无感的。情是生命的本源,与生俱来的。因为有情,生命才有动力、能量、活力,我们要放下、破除的不是情,而是迷情、执著、贪念,那些伤害自己心灵的情,执著了迷情,便是凡夫,在世间痛苦迷惑。执著了佛,便是修行的凡夫,我们修的目的是转化执著的情变成安心的基础,便是人间的圣人了。

以人为本

中国禅与居士佛教的发展关系密切，这是由于中国禅主张在现实生活中随时随地随事触机悟道，不离世间而解脱觉悟。

从佛陀开始，悟道者的共同点是几乎都不离开他们的六根意识而悟道，这就是他们在现实生活当中悟道。僧肇阐明“终日凡夫，终日道法”的“道俗一观”生活禅观。如果修禅者修时间分为专门的坐禅时间和休息时间的话，他心中已经产生了修禅与不修禅的观念，这已经有了分别如法和不如法的差别，就失去了诸法平等的修禅的最基本精神条件。

惠能两次闻《金刚经》悟道都是在生活的意识状态下觉悟的，他主张的顿悟真如本性，就是说如果有一次大彻大悟，就是明心见性了。这样来看，是否前悟是小悟，而后悟是大悟呢？无论是大悟还是小悟，如果这都算悟道的话，惠能说的顿悟，修证上应该不是一次了。但悟道了以后还会继续再悟道，中间这段长时间的磨炼（苦行），是否符合禅宗说的一次觉悟就都达到了佛的境地？

其实，在中国禅历史上，几次悟道的禅师是很多的。惠能第一次悟道时，他心中不存在修行的精神，当时他也不懂佛法，但是听到陌生人读《金刚经》就悟道了。我们可以发现，禅宗主张不仅是闻佛法，而且一切现象都可以成为觉悟的因素，所以，从悟道的一瞬间来看，已经不存在佛法和外道的区别，也没有有为法和无为法的区分，更不存在说法者和听法者的分别心。

禅师引众的方法和悟道的机缘多采取反面的方法，“因材施教”，先考虑对方的当下心情，抓住他的念头，尽量利用各种不同的手段，让他体会自己的本来面目，这与其他宗派有大的不同。所以，怀让采取先让道一看自己磨砖成镜的奇怪现象，这就是为了等着道一提问，当时道一一直专心集中在打坐成佛的状态里，怀让怎么跟他讲佛法的道理，也得不到效果。一切的事情都跟着自己的心转化，自己的心在哪儿自己感觉到的现象就在那儿，“心生则种种法生，心灭则种种法灭”。

《维摩诘经》里维摩诘居士看对象而示方便法，关键是“佛非定相”，僧肇在《注维摩》中阐明“法无定相”。再引申一下，就是“悟无定相”，一切法无定相，本来没有固定的样子，行住坐卧，语默动静，都是相。

所谓仁者见仁，智者见智，相无定性，随心染净自变而见。《维摩诘经》中有“佛以一音演说法，众生随类各得解”的圣言。

也就是说，佛说法的声音及所说的义理是一，而众生听到的声音及理解的义理，则有各自的差异。听音解义如是，观佛身相亦然。《维摩诘经》中亦有舍利弗观释迦牟尼佛土染污不净，而持髻梵王则观释迦佛土如宝庄严地。这又说明染净随心，所谓心染则见染土，心净则见净土，见佛土如是，见佛身亦然。又如人观清水绿波，天见宝庄严地，鱼见游园舍宅，鬼见脓血充满。于一事上，见境

各殊；于一理上，解义各别。或好或丑，或胜或劣，或大或小，或高或低，全无定性，皆由一切有情业力善恶、认识浅深之所形成。以故一切凡夫不应于十方佛土、佛身，妄测染净高低。这就是“相无定，随机睹”的意义。

怀海禅师的悟道机缘也是不离现实而开悟的。《古尊宿语录》记载：

> 一日，随侍马祖，路行次闻野鸭声。
>
> 马祖云：“什么声？”
>
> 师（怀海）云：“野鸭声。”
>
> 良久，马祖云：“适来声向什么处去？”
>
> 师云：“飞过去。”
>
> 马祖回头将师鼻便搊，师作痛声。马祖云：“又道飞过去。”
>
> 师于言下有省。

一次在散步中听到鸭子的声音，马祖问怀海：“这是什么声音？”怀海回答说“鸭子的叫声”。马祖以平常的说法来问怀海，怀海也以平常心来回答。过了一会儿，马祖再问：“刚才鸭子叫的声音去了哪个方向？”怀海答：“飞过去了”。马祖马上回头捏怀海的鼻子，怀海痛得大叫。这时，马祖说“你再说‘飞过去’”，怀海当下悟道。

中国禅所说的佛就是自心，除此之外，没有佛。时时刻刻日常生活中的自己的心，就是法身。

佛教观念在中国找到了进入儒家思想的途径,并与道家玄学融为一体,形成了中国化的禅宗。中国禅对居士的吸引力所在,除了禅观禅理之外,在来往交际的仪式和观念上很大程度上已经没有了僧俗的差别。凡可悟道之人皆可成佛。

在古代的社会政治环境下,世间与出世间二分是必要的。但是,随着大乘佛教兴起,当时社会环境的变化,佛教已经作了变通。《维摩诘经》对维摩诘居士的褒扬就是例子之一。另外《胜鬘经》中胜鬘夫人也是重要的例子。印顺法师在《胜鬘经讲记》中关于"出家与在家"的问题解释说:"佛法有出家与在家的两类。有以为佛法是出家人的,或出家众是特别重要的。其实,约大乘平等义说,学佛成佛以及弘扬正法,救度众生,在家与出家,是平等的。像本经的胜鬘夫人,就是在家居士,她能说非常深奥、圆满、究竟的法门。若说大小乘有什么不同,可以说:小乘以出家者为重,大乘以现居士身为多。维摩居士,中国的学佛者都是知道的,他是怎样的方便度众生呀! 考现存的大乘经,十之八九,是以在家菩萨为主的,说法者不少是在家菩萨,而且也大多为在家者说。向来学佛者,总觉得出家胜过在家,然从真正的大乘说,胜过出家众的在家众,多得很。小乘说,出家得证阿罗汉果,在家就不能得;以大乘佛法说,一切是平等的。反之,佛在印度的示现出家相——丈六老比丘,是适应印度的时代文明而权巧示现的,不是佛的真实相。如佛的真实身——毘卢遮那佛,不是出家而是在家相的。不以出家众为重,而说出家与在家平等、为大乘平等的特征之一。"中国禅秉承的就是这种以人为本的精神。

在现代社会中,佛教规定在家和出家区别的本来目的和意义

在很大程度上已经消失了。寺院已不再是清修的场所，世间的喧哗与嘈杂一样进入寺院和道场。以前的清修之地多半成为游览地。庙里的僧人在滚滚红尘中也很难潜心修炼，一心求得证悟了。

提倡居士修法的《维摩诘经》对中土文化有很深的影响，而秉承《维摩诘经》不二法门思想的禅，对中国文化、文字、哲学、艺术、诗歌和绘画等各个方面也有巨大作用。

南朝梁昭明太子萧统，就曾把自己的小字取名“维摩”。

王维（公元699～759年）是唐朝杰出的山水诗人和山水画家，字摩诘，就更是取用了维摩诘的名字。他信奉禅宗，以维摩居士的菩萨行为生活的榜样，主张心空。他的山水画也追求空寂的意境。

王维《酬张少府》记载：

晚年惟好静，万事不关心。
自顾无长策，空知返旧林。
松风吹解带，山月照弹琴。
君问穷通理，渔歌入浦深。

苏轼（公元1037～1101年）是宋朝最有才华的文学家，他发现了禅与诗之间的相似之处。“上人学苦空，百念已灰冷。剑头惟一吷，焦谷无新颖。欲令诗语妙，无厌空且静。静故了群动，空故纳万境。”

梁启超的一首《水调歌头》其后半阙是：千金剑，万言策，两蹉跎。醉中呵壁自语，醒后一滂沱。不恨年华去也，只恐少年心事，强半为消磨。愿替众生病，稽首礼维摩……

是菩萨行

中国禅在中唐以后影响迅速扩大，其中，南岳怀让和青原行思两个系统尤为突出。怀让传马祖道一，及道一弟子怀海、慧海等，形成了以生活中修禅的“平常心是道”的禅风，称为洪州禅。

怀海又分出两支，一支由黄檗希运传临济义玄，形成临济宗；一支由沩山灵佑传仰山慧寂，成立沩仰宗。

道一主张“道不用修”的“平常心是道”生活禅观思想。既然人人都有佛性，佛在自心，那么，是否还需要修行了呢？如果还需要修行，应如何修行呢？

马祖对此是这样说的：

道不用修，但莫污染。何为污染？但有生死心造作趣向，皆是污染。若欲直会其道，平常心是道。谓平常心无造作，无是非，无取舍，无断常，无凡无圣。经云：“非凡夫行，非圣贤行，是菩萨行。”只如今，行住坐卧，应机接物尽是道。道即是法界，乃至河沙妙用，不出法界。若不然者，云何言心地法门？

道不属修。若言修得，修成还坏，即同声闻；若言不修，即同

凡夫。云:“作何见解即得达道?”云:“自性本来具足,但于善恶事上不滞,唤作修道人。取善舍恶,观空入定,即属造作。更若向外弛求,转疏转远。但尽三界心量,一念妄想,即是三界生死根本;但无一念,即除生死根本,即得法王无上珍宝。”

这里的“道”是指佛道、觉悟解脱之道,是指大乘佛教所奉的最高真理,而他的真如、法性、佛性,也就是禅宗所说的“自性”“心”。马祖在通常是指对于“心”来说的,也就是自性、本心,不必刻意去修,只要不使它受到“污染”就行了。

什么叫“污染”呢?“污染”也就是“造作”,马祖有自己的定义,即凡是有既定目标的追求或舍弃,如认为善的便去追求,认为恶的便予以舍弃,为此从事禅定观空取净,以及其他作为,都属于对心的污染。

那么,怎样能够体悟解脱之道呢?马祖告诉人们,应在保持“平常心”的状态下自然地体悟自性,达到解脱。所谓“平常心”,是在心中取消一切造作、是非、取舍、断常、凡圣等等观念,取消所谓“妄想”,做到“无念”,也就是般若学说的“无所得”的心境。

所谓“道不用修”和“平常心是道”是有其特定含义的。不修,不是绝对不修,更不是如同“凡夫”那样的不修,而是在体认自性前提下的放弃取舍意向的自然而然的生活和修行;平常心,就是在这一过程中保持的“无造作”“无所得”的自然心态。

希运主张语默不二,但实际上他也是以默为本的。因为说话时,无分别,所以,不会执著语言相,另外,虽然默然,但默然之中,也没有执著默然的相。所以说,“终日说而未尝说”。他说:

云:“今正悟时,佛在何处?”

师云:“问从何来,觉从何起,语默动静一切声色尽是佛事,何处觅佛?不可更头上安头,嘴上加嘴。但莫生异见,山是山,水是水,僧是僧,俗是俗,山河大地日月星辰,总不出汝心。三千世界,都来是汝箇自己,何处有许多般。心外无法,满目青山,虚空世界,皎皎地无丝发许与汝作见解。所以,一切声色是佛之慧目。法不孤起,仗境方生。为物之故,有其多智。终日说何曾说,终日闻何曾闻。所以释迦四十九年说,未曾说著一字。”

有人向希运问,我正在悟时,佛在哪儿?希运从一切法都是佛事的说法来回答,他认为你正在问的问题是从哪儿来的,还有你正在说的悟道是从何而来?你这样对佛的相和悟的境界已经是有所分别了。因为,语默动静一切声色现象都是佛事,都是佛显现出来的。正在问的,这时候的你的性,已经是佛性。希运进一步引用僧肇在《注维摩》中的“道不孤运,弘之由人”的说法来解释不可不说的道理。因此,“终日说何曾说,终日闻何曾闻。”这句话与《维摩·弟子品》中的“夫说法者,无说无示;其听法者,无闻无得”是一致的。

“无说”并不是说不讲话,而是说,不要执著所讲的内容,也不要执著于他就是“有所说”,也不要执著于他所说的就叫做“无所说”,僧肇这里讲的实际上是不要执著的问题。如果我说了什么东西必须强迫你们来接受,坚持我的说法,那我是“有所说的”;如果我说完了以后,你们每个人可以根据自己的根器来理解,说了以后,又不执著于这所说,就叫做“无其所说”。

有这样一段关于道一禅师的公案：

问："和尚为什么说即心即佛？"
师曰："为止小儿啼。"
曰："啼止时如何？"
师曰："非心非佛。"
曰："除此二种人来如何指示？"
师曰："向伊道不是物。"

禅师们常把应机说法比喻为"止小儿啼"。根据佛经记载，当年佛陀常把应机宣说佛法比喻为哄小孩时攥着空拳说里面有东西，或手拿一枚黄叶说它是黄金，作为让小孩止哭的权宜做法。禅师们常用这样的比喻来说明一切说教并非是终极真理。马祖认为，既然众生不知道自己生来具有与佛一样的本性，到处求法求道，在此情况下不妨告诉他们说"即心是佛"或"自心是佛"，引导他们产生自信，自修自悟。一旦达到这个目的，就应当告诉他们"非心非佛"。因为佛是不可局限于方位、场所的，否则，会出现认心为佛，或如同马祖弟子普愿所批评的"唤心作佛"那样的现象。在一般情况下，应当告诉信徒，佛"不是物"，应当认真去"体会大道"，即体悟超言绝象的佛教真理——真如、实相或法性、佛性。 对此，本来是用任何语言都难以表达的。希运这样会终日禅观的人，才能称为"自在人"。他从日常生活的，如吃饭、走路等平常事情来进一步发挥平常心是道的生活禅精神。他说：

问:“如何得不落阶级?”

师云:“终日吃饭,未曾咬着一粒米;终日行,未曾踏着一片地;与么时,无人我等相,终日不离一切事,不被诸境惑,方名自在人。”

终日吃饭未曾嚼得一粒米,终日走路未曾踏得一片土,这句话的来源就在僧肇的“道俗一观”终日禅观思想。希运回答“什么是道”的问题时,也是从终日说法来讲:饥来吃饭,困来睡觉。这就是禅宗的生活禅观,就是洪州禅的核心思想。“终日凡夫,终日道法”,这没有把凡夫事与求道看作是两件事情对立起来。身体本来就是幻宅,虚幻的一个躯壳,怎么可以住内呢?万物也是一种虚幻,怎么可以住外呢?

凡夫欲求很多,故向外去追求。至于大乘的菩萨,能够齐观,也就是能看到内外都是虚幻不实的,万物都是虚幻的,所以齐观之,能够平等地看待内外,此为菩萨行。

辩才无碍

《大珠禅师语录》记载了许多大珠禅师的对话：

有一天，有位讲《金刚经》的法师带着数人前来礼谒慧海禅师。

问道："师说何法度人？"

师却问："大德说何法度人？"

曰："讲《金刚经》。"

师曰："讲几座来？"

曰："二十余座。"

师曰："此经是阿谁说？"

僧抗声（大声）曰"禅师相弄，岂不知是佛说邪？"

师曰："《金刚经》中讲，'若言如来有所说法，则为谤佛，是人不解我所说义'。若言此经不是佛说，则是谤经。请大德说看！"

那僧被问得无言以对。

过了一会儿，慧海禅师又追问："经云，'若以色见我,以音声求我,是人行邪道,不能见如来。'大德且道,阿那个是如来?"

曰:"某甲到此却迷去!"

师曰:"从来未悟,说甚却迷?"

曰:"请禅师为说。"

师曰:"大德讲经二十余座,却不识如来!"

僧礼拜曰:"愿垂开示。"

师曰:"如来者,是诸法如义,何得忘却?"

曰:"是诸法如义。"

师曰:"大德!是亦未是?"

曰:"经文分明,那得未是?"

师曰:"大德如否?"

曰:"如。"

师曰:"木石如否?"

曰:"如。"

师曰:"大德如同木石如否?"

曰:"无二。"

师曰:"大德与木石何别?"

僧无对。良久,却问:"如何得大涅槃?"

师曰:"不造生死业。"

曰:"如何是生死业?"

师曰:"求大涅槃,是生死业。舍垢取净,是生死业。有得有证,是生死业。不脱对治门,是生死业。"

曰:"去何即得解脱?"

师曰："本自无缚，不用求解。直用直行，是无等等。"

曰："禅师如和尚者，实谓稀有。"

说完，礼谢而去。

这则语录，是对知解宗徒的敲打，这些人终日寻文求义，自己的本分智慧和解脱，竟毫无意识。修行首先要对治的就是分别心、取舍心。而依文解义正是学道人分别心重的一个主要表现。禅师在这则语录中对"如何是生死业"的开示，可谓力透纸背。"本自无缚，不用求解。直用直行，是无等等。"若能从此悟入，必得大用。

源律师问："和尚修道，还用功否？"

师（大珠）曰："用功。"

曰："如何用功？"

师曰："饥来吃饭，困来即眠。"

曰："一切人总如是，同师用功否？"

师曰："不同。"

曰："何故不同？"

师曰："他吃饭时不肯吃饭，百种须索（思虑）；睡时不肯睡，千般计较。所以不同也。"

律师杜口。

大珠禅师的意思是人应该在生活中，该怎么就怎么，嘴巴吃饭时心也在吃饭，睡觉时心也在睡觉，这才合乎健康，也是禅者的心理情况。普通人则不然，吃饭时不好好吃饭，谈生意，谈恋爱，读报,看电视,胡思乱想;上床时思绪纷飞、情绪起伏,入睡后回肠百转、颠倒梦想。所以大珠禅师当源律师问他如何用功时,他说就是饿了吃饭,困了睡觉,但普通人吃饭时不肯吃饭,百种须索;睡觉时不肯睡觉,千般计较。所以和我不同。禅者生活在当下,当下的每一秒钟才是最宝贵的,是最充实的人生;禅不在别处,就在日常起居当中。在日常生活中,若能做到安住当下,心行到位(合一),不分别取舍,道即在其中矣。这段精彩的开示,千百年来,一直被人们当作禅宗修行最主要的特色而传颂着。

源律师问:"禅师常谭'即心是佛',无有是处。且一地菩萨,分身百佛世界,二地增于十倍。禅师试现神通看?"

师(大珠)曰:"阇梨,自己是凡是圣?"

曰:"是凡。"

师曰:"既是凡僧,能问如是境界?《(维摩)经》云:'仁者心有高下,不依佛慧',此之是也。"

又问:"禅师每云:'若悟道,现前身便解脱。'无有是处。"

师曰:"有人一生作善,忽然偷物入手,即身是贼否?"

曰:"故知是也。"

师曰:"如今了了见性,云何不得解脱?"

曰:"如今必不可,须经三大阿僧祇劫始得。"

师曰:"阿僧祇劫,还有数否?"

源抗声曰:"将贼比解脱,道理得通否?"

师曰:"阇梨,自不解道,不可障一切人解;自眼不开,嗔一切人见物。"

源作色而去云:“虽老浑无道。”

师曰:“即行去者是汝道。”

这个源律师多次出现在禅师语录中和禅师请教,这一次,他的问题是:禅师你既然说即心是佛,那一地菩萨已经能分身百佛世界了,更何况二地菩萨?禅师您的心既然就是佛,那显神通给我们看看吧?

禅师问他:你是凡是圣?他回答:凡。禅师大声说,你这个凡僧如何能领会圣人的如是境界?

源律师又问那我们如何解脱,禅宗说的悟道解脱,他认为须经三大阿僧祇劫反复轮回才能解脱。

禅师说什么阿僧祇劫,有数量吗?不就是一个念头吗?契合本性的瞬间便解脱了,修行的人,你自己不解脱,眼睛被蒙住了,还来影响别人解脱。源律师生气地走了,禅师说,你走的路便是你的道。

大珠禅师在这些对话中表达出了超然见地,他反对学人执著于经文、依文解义的做法,主张在日常生活中实修实证。他的讲法机锋似快刀,让知解宗徒招架不得。

凡圣不二

大珠又从不可思议解脱的说法来解释禅宗的顿悟法门。他认为，唯有顿悟一门，才得解脱。顿者，顿除妄念；悟者，悟无所得。那么，怎么修呢？就是从根本来修，因为心是根本的。正如《维摩诘经》讲：

欲得净土，当净其心，随其心净，即佛土净。

大珠进一步主张众生与佛无有差别，如《维摩诘经》说的弥勒受记，一切众生也是受记的。

问："如如者云何？"

答："如如是不动义，心真如故，名如如也。是知过去佛行此行亦得成道，现在佛行此行亦得成道，未来佛有此行亦得成道。三世所修，证道无异，故名如如也。《维摩经》云：'诸佛亦如也。至于弥勒，亦如也；乃至一切众生，悉皆如也。'何以故？为佛性不断，有性故也。"

问："若有修一切诸行，具足成就得受记否？"

答:"不得。"

问:"若以一切法无修,得成就,得受记否?"

答:"不得。"

问:"若恁么时,当以何法而得受记?"

答:"不以有行,亦不以无行,即得受记。何以故?《维摩经》云:'诸行性相,悉皆无常。'"

这与僧肇《注维摩》中提倡的无为菩提、凡圣一如受记说是一脉相承的。

僧肇进一步阐述凡圣一如思想:

如虽无生灭,而生灭不异如,然记莂起于生灭冥会,由于即真,故假如之生灭,以明记莂之不殊也。如非不生灭,非有生灭。非不生灭,故假以言记;非有生灭,以知无记。万品虽殊,未有不如。如者,将齐是非,一愚智,以成无记无得义也。凡圣一如,岂有得失之殊哉?

事物虽然从现象上来表现有各种各样的不同,但从现象的本质上来讲都是一样的,平等不二的,没有愚昧和是非的差别。正是这样,才说明一切都是无记,没有受记,也没有什么所谓的得阿耨多罗三藐三菩提。凡圣一如,哪里有得失之殊呢?

大珠主张:

顿悟者,亦复如是,为顿除妄念,永绝我人,毕竟空寂，即与佛齐，等无有异，故云即凡即圣也。修顿悟者，不离此身，即超三界。经云：不坏世间，而超世间，不舍烦恼，而入涅槃。

大珠禅师这儿所表达的思想是非常精辟的，顿悟的人，不离此身，即超三界。不舍烦恼，而入涅槃，终极是不二思想。

宝积 听哭哀哀

向上一路，千圣不传

盘山宝积禅师，是马祖道一的法嗣之一，他的独特悟道机缘千年流传。

《五灯会元》记载：

（宝积）因于市肆行，见一客人买猪肉，语屠家曰："精底割一斤来！"屠家放下刀，叉手曰："长史！那个不是精底？"师于此有省。

又一日出门，见人舁丧，歌郎振铃云："红轮决定沉西去，未委魂灵往那方？"幕下孝子哭曰："哀哀！"师忽身心踊跃，归举似马祖，祖印可之。

这是说有一天，宝积禅师从市场上经过，看见有一位客官正在买猪肉，客告诉屠家说："割一斤精肉来！"屠家把刀"啪"的一声放在肉案上，叉着手说道："长史！哪个不是精的？"宝积禅师一听，豁然开悟。

后来又有一天，宝积禅师刚走出寺门，就碰见一群人正抬着棺材送葬。送葬队伍的前头，有一位歌郎正摇着铃铛，拖着长腔唱道："红轮决定沉西去,不知魂灵往哪方?”而跟在棺材后面的帐幕下死者的儿子悲伤地哭道:“哀啊哀啊!”宝积禅师一听,再次豁然大悟,身心踊跃,当即跑回寺院,把自己的证悟告诉了师父马祖。马祖印可了他。

这说明了一个道理:道就在日常生活中,只要存乎一心,哪里都有道,法也不仅仅是在寺院里,生活中的一切,不管是有情的众生,还是无情的草木,它们都无时不在。关键看我们的心是否和道契合。若能时时刻刻、在在处处都能做到心不离道、道不离心,那么,任何时候都可能成为你悟道的契机。

明代松滋人潘游龙,曾经写过一部《笑禅录》。他利用佛家语录的形式,前“举”后“颂”,中间插入一个“说”,将出家和在家的一些相似的笑话组合在一起。在《笑禅录》中,他就“举”宝积禅师开悟的公案,加以评说、作颂。

举:盘山积师,行寓市肆,见一人买猪肉,语屠家曰:“精的割一斤来。”

屠家放下屠刀,叉手曰:“哪个不是精的?”

说:友人劝监生读书,生因闭门翻阅数日,出谢友人曰:“果然书该读,我往常只说是写的,原来都是印的。”

颂曰:“个个是精,心中有印,放下屠刀证菩提,揭开书本悟性命,咄,不烦阅藏参禅,即此授记已竟。”

潘游龙可能觉得禅师见人买猪肉这种悟道方式与出家人的身份不相适应,但他又感到禅师的开悟又是如此的自然方便。于是,他又以禅师听买肉开悟的公案为基础,以说的形式讲述了一个笑话作比

附,并在颂中加以调侃。禅师的悟道机缘表面看似很偶然,实际上必须具备一定的基础功夫。如果功夫不到家,碰到什么也没用。

“青青翠竹尽是法身,郁郁黄花无非般若”。在禅者眼中,世上万物,时时刻刻都可能成为悟道的因缘,人心不受任何时空的拘束而自由自在。只要看破了有相的障碍,不受各种境遇的束缚,随顺自然,随缘自在,自然“行至水穷处,坐看云起时”。

再有《五灯会元》记载宝积禅师灭寂时的情景:

> 师将顺世,告众曰:“有人邈得吾真否?”
>
> 众将所写真呈,皆不契师意。
>
> 普化出曰:“某甲邈得。”
>
> 师曰:“何不呈似老僧。”
>
> 化乃打筋斗而出。
>
> 师曰:“这汉向后掣风狂去在!”师乃奄化,谥凝寂大师。

这个公案说的是宝积禅师临入寂的时候,仍不忘启悟他的弟子们开悟。他问弟子们说:“你们有人能描绘我的样子吗?”

于是众弟子纷纷为他画画写真,但都不契合他的心意。这时普化禅师从众人里走出来,说道:“我得到了。”

宝积禅师道:“为什么不拿给老僧看看?”

普化禅师于是打一个筋斗出去了。

宝积禅师笑道:“这人今后必疯疯颠颠地接引学人开悟!”

说完,便入寂。

听
哭
哀
哀

法本无依，境由心生

小乘佛法认为，破除了生灭才有寂灭，关于寂灭，维摩诘认为，“法本不然，今则无灭，是寂灭义。”这就是说，诸法本来就没有然生，“然”就是燃烧，也就是没有生起，那么现在当然也就没有灭，这才是寂灭的意思。一般人认为，寂灭与生死的过程是相对的，就是说断除了生死，才能达到寂灭。维摩诘认为根本就不存在这种要断除的生死，这也是小乘和大乘的根本区别。

僧肇对寂灭义解释说：

> 小乘以三界炽然，故灭之以求无为。夫炽然既形，故灭名以生。大乘观法本自不然，今何所灭？不然不灭，乃真寂灭也。

小乘佛法认为，三界像火灾一样，到处都是火，所以要把它扑灭而来求得一种无为法，“无为”也就是寂灭。而大乘观法就不一样，法本来没有然起，现在又何需灭，所以不然不灭，才是真正的寂灭。

僧肇又说：

情依六尘，故有奔逸之动。法本无依，故无动摇。

僧肇说人心所以会动，就因为它依六尘，因此它就有了奔逸之动，法既然不依六尘，那么它也没有动摇。这实际上说明了“心生则种种法生，心灭则种种法灭”：境由心生，法不依于六尘，不依于境，也就没有动。

小乘佛法执著于生死与涅槃的不同，认为生死就是凡夫事，涅槃就是超越生死。所以小乘要超越生死，去追求涅槃，因此把生死和涅槃看成两个事或者是对立的。所以他们主张在生死和凡夫事中就不可能求得涅槃寂静，要求得涅槃寂静就不可以在生死凡夫事里面。而大乘认为这些没有区别，同样看待。

宝积禅师云：

心若无事，万法不生。意绝玄机，纤尘何立？

道本无体，因体而立名。道本无名，因名而得号。

若言即心即佛，今时未入玄微。若言非心非佛，犹是指踪极则。

向上一路，千圣不传。学者劳形，如猿捉影。

无生法忍，涅槃寂静

烦恼是人生死轮回的原因。也就是如果没有烦恼，生死轮回也自然消火。从佛法修行解脱的角度来看，如何理解烦恼和菩提，就产生如何修证的法门。

理解不二法门，需要注意其核心精神。《维摩诘经》中首先是法自在菩萨从“不生不灭”来阐明进入不二法门境界。一切佛法的概念可归纳于“生”“灭”的问题，因此中观学派的核心经典《中论》也就是从“不生不灭”来阐明八不中道之理。这里，他还提出三十一种法相，认为领悟诸法性空的根本道理就是进入了不二法门，其中以“生灭”为首：

> 会中有菩萨，名法自在，说言：“诸仁者！生灭为二，法本不生，今则无灭，得此无生法忍，是为入不二法门。”

生和灭本来是两个东西，有生就有灭。如果认识到法本来无生，也就无所谓灭了。放弃了对生灭的执著，认识到生灭本性空，这就得到了无生法忍，也就可以说进入了不二法门。

无生法忍是认识佛法或者悟到佛法的基础性的认识。僧肇解释说：

灭者，灭生耳。若悟无生，灭何所灭？此即无生法忍也。此菩萨因观生灭以悟道，故说已所解，为不二法门也。下皆类尔，万法云云，离真皆名二，故以不二为言。

僧肇认为，所谓"灭"，是灭"生"，灭了生才称为灭。如果能够悟到法本无生，那还有什么可灭的呢？也就没有了灭的对象。

因为"灭"本来就是相对于"生"来讲的，认识到无生无灭，就叫"无生法忍"。

关于生死与涅槃的关系，《维摩诘经》中有很明确的观点，乐涅槃而不乐世间是分别心，应当在现实社会中证得菩提。经文讲：

生死涅槃为二，若见生死性则无生死，无缚无解，不然不灭，如是解者，是为入不二法门。

大乘的般若中道思想产生之前，在部派佛教里大部分的部派都是认为生死是现实的世界，涅槃是出世的彼岸世界。后来，大乘般若思想兴起，一直都在批判这种思想就在于没认识到生死涅槃不二，由此人常常厌离生死，心乐涅槃。正如《金刚经》中所讲："一切有为法，如梦幻泡影，如露亦如电。"所以说"若见生死性则无生死，无缚无解，不然不灭"。若能认识到生死本性，若能看破生死，就不会受生死的束缚了。既无束缚也就无需解缚，就如既无燃烧，也就无需扑灭。如果能够这样来理解生死与涅槃，是为入不二法门。

僧肇讲：

缚、然，生死之别名；解、灭，涅槃之异称。

"缚"和"然"都是生死的别名，"解"和"灭"是涅槃的异称，要说明的道理都一样，关键要认识到生死的虚幻本性。既然生死虚幻，也就没有真正的生，所以是无生。无生也就无死，既无生死，也就没有要脱离的束缚对象。总而言之，要达到涅槃的境界并不是说一定要脱离生死，关键是要认识清楚生死虚幻的本性、清净的本性、本来无生的本性。

因为有缚才有解的必要，而一切法本是清净，本来就无东西缠缚住你，那么还有谁要去求解？还要解什么？因为把世间看成束缚解脱的不净世间，由此才会要厌离它。

东晋后期，庐山慧远为了答复人们的质疑而作《形尽神不灭》专文，是中国佛教史上最重要的神不灭论著作。其中有专章结合中国古代灵魂不灭的观念，论述形尽神不灭思想，强调人的形体虽然有生有死，而人的灵魂是不朽不灭的。

汉代佛教认为：神灵不灭，因果报应，佛教早期就有形尽神存的神不灭说。东晋后期，随着神不灭论思想的广泛流行，更兴起了神形关系的辩论之风。

方立天先生在《中国佛教哲学要义》一书中指出："佛教传入中国以后，中国佛教学者着重结合佛教的因果报应论、成佛论、佛性论、法身论等思想，阐发了神不灭论。东汉时，中国佛教的神不灭论学说就开始引起了人们，尤其是儒家学者的怀疑。""慧远这种形尽神不灭的观点，可以说，恰恰相当于释迦牟尼所抨击、拒斥的婆罗门教的观点——认为不灭的灵魂可以寄寓于不同的躯体之中，早期佛教认为人的精神是不断变化的意识状态之流，没有永恒不变的实体性的灵魂存在，而慧远则是在中国固有的灵魂观念和实体性思想的支配下，去理解人的形神关系问题，因此主张神格化的‘法身’理论。”

印度佛教所谓法身是指成就佛法的身体，是精神意义的身体。在中国佛教学者看来，和法身相关的有“神明住寿”义。长期以来中国佛教学者以“神明住寿”为“神”的要义，以为“神”是“住寿命”的，神明在住寿中成道，成道后的神明住寿时间极长。

慧远就法身的生成、真假、性质、形状等问题，慧远向罗什讨教。罗什认为，所谓佛身的一切相状都是“因缘和合而生，是没有自性，毕竟空寂的”。

慧远后来再次写信给罗什，询问菩萨是否可以住寿一劫有余，罗什回答说：“若言住寿一劫有余者，无有此说，传之者妄。”慧远等人后期了解佛教“识神性空”的学说以后，才明白住寿的说法和法身的理论是矛盾的。

法身无相,尽性大觉

宝积禅师云:

> 夫心月孤圆,光吞万象。光非照镜,境亦非存。光境俱亡,复是何物?禅德,譬如掷剑挥空,莫论及不及,斯乃空轮无迹,剑刃无亏。若能如是,心心无知,全心即佛,全佛即人,人佛无异,始为道矣。

这里我们先来来了解一下什么是佛。僧肇在《注维摩·见阿閦佛品》里,把佛作注为:

> 佛者,何也?盖穷理尽性大觉之称也。其道虚玄,固已妙绝常境,心不可以智知,形不可以像测。

佛是什么意义呢?佛是对穷尽真理和性体并得到彻底觉悟者的称呼。他的道无相清净幽深旷远,其境界已经微妙得超越一切世俗之境界,他的神智不能以世俗智慧认知,他的形相不能以世俗的像状

去测度,《维摩诘经》云:

> 维摩诘言:我观如来无始无终,六入已过,三界已出。不在方,不离方;非有为,非无为;不可以识识,不可以智知;无言无说,心行处灭。以此观者,乃名正观;以他观者,非见佛也。

小乘佛教说,释迦牟尼佛肉身灭而法身不灭。大乘佛教通常认为佛有三身:佛法、佛教真理的显现是“法身”,智慧、悲愿和功德的所成是“报身”,应物现身是“应身”。

僧肇又说:

> 法身超绝三界,非阴、界、入所摄,故不可以生住去来而睹,不可以五阴如性而观也。
>
> 法身过六情,故外入无所积。既越三界,安得三界之垢?
>
> 法身无在,而无不在。无在故,不在方;无不在故,不离方。欲言有耶?无相无名。欲言无耶?备应万形。
>
> 夫智识之生,生于相内,法身无相,故非智识之所及。
>
> 非六情所及,岂可说以示人?
>
> 穷言尽智,莫能显示,来观之旨,为若是者也。

这些话的大意是:法身超越世俗的一切性相,因此用世俗之名相和智慧无法认识和描述。同时法身虽然超越世俗的一切性相,但法身又遍在万物。这里僧肇以为佛的涅槃境界“法身无在,而无不在”,

“欲言有耶？无相无名。欲言无耶？备应万形”，这表明僧肇对涅槃果位的看法也不只是寂静，而是能“无不在”，能“备应万形”。这就将三法印的“涅槃寂静”思想进一步深化了。

烦恼都是自己找出来的，即自寻烦恼，为什么会自寻烦恼，就是因为众生把虚妄不实的看作是真实的，因而就产生了分别心，有了分别心就有了执著，于是烦恼就起来了。所以如果能够认识到烦恼真性，认识到烦恼本来就是虚妄不实的，那么就没有分别，也就不起烦恼，不起烦恼，这就是涅槃。如果把涅槃看得很重而想得到它，那就仍然被涅槃所缚。如果涅槃和烦恼都没有，也就没有任何的束缚。这些思想在后来禅宗那里得到了充分的发展。禅宗认为，如果离开烦恼，而另外去求一个清净心，那等于是脱掉一个枷锁，又去套上一个枷锁。

罗什又认为，“观佛有三种：一、观形；二、观法身；三、观性空。”这说明法身也不是究竟之地，“如来性空”才是真正的诸法平等的实相佛境。

僧肇认为，法身是“无为而无不为，无在而无不在，无生而无不生”。法身是无作相的，也就是没有具体的色相，没有一个具体的局限性，所以他是可以无所不作的，可以看到一切，既然能够看到一切也就无所谓远近、精粗这些差别。

《大珠禅师语录》卷上原文记载：

问：“《方广经》云，‘五种法身：一实相法身，二功德法身，三法性法身，四应化法身，五虚空法身’，于自己身何者是？”

答："知心不坏，是实相法身；知心含万象，是功德法身，知心无心，是法性法身，随根应说，是应化法身，知心无形不可得，是虚空法身。若了此义者，即知无证也。无得无证者，即是证佛法法身，若有证有得以为证者，即邪见增上慢人也，名为外道。何以故？《维摩经》云：'舍利弗问天女曰：汝何所得，何所证辩，乃得如是？天女答曰：我无得无证乃得如是，若有得有证，即于佛法中为增上慢人也。'"

从本质上来看，法身是无形无象，是宇宙之本体，是万象之本质，它不为任何事物所生。同时，法身又存在于宇宙万象之中，表现为万象。报身、化身为法身之表象，都是法身的现象表现，并非化身、报身之外还有另一法身，他们是现象与本质的关系；是不二关系。所以说："无生而无不生，无形而无不形。"法身超越三界之表象，断绝内心精神现象，内外皆超越。法身可摄入五蕴之体，但却不为其所累，不为寒暑所患，不为生死所左右。

所以说法身出生入死，无所滞碍，自由自在。在现象上变化无穷，其质本却不变。所以从现象上看，法身回应一切现象，即所谓"应无端之求"。

法身虽玄妙至极，它却可在天显现为天，在人显现为人，并非遥不可及，所以何必离开肉身之体而远求法身呢？僧肇把法身总解为佛所说的经典，即三宝之法宝，《维摩诘经》宣扬的不二法门就是法身。

灵源独耀，道绝无生

《楞伽经》云："心生即种种法生，心灭即种种法灭。"

僧肇进一步对于我们常常不能完全理解的"心"作了更深入的解释，说：

> 心者，何也？惑相所生。行者，何也？造用之名。夫有形必有影，有相必有心，无形故无影，无相故无心。然则心随事转，行因用起，见法生灭，故心有生灭；悟法无生，则心无生灭。迦旃延闻无常义，谓法有生灭之相；法有生灭之相，故影响其心同生灭也。夫实相幽深，妙绝常境，非有心之所知，非辨者之能言，如何以生灭心行，而欲说乎？

这就是说，"心"是迷惑于相而生成的，看到相有生有灭，所以心就有生有灭。被相迷惑的心应该灭掉，这就是禅宗提倡的"言语道断，心行路绝"。僧肇再进一步说，有形必然会有影，有相必然产生造作之心。反过来讲，无形就无影，无相也就无惑相之心。

由此可见，心随事而转的，行是因用而起的，因为见到法有生灭，所以心也就有生灭，如果能够悟到法根本就无生，心也就没有生灭。

僧肇又从法的如法和不如法的问题上，提出对法的理解有执著与不执著的差异，即存在言同旨异，即“佛以一音演说法，众生随类各得解”的情况。如来说法的时候，他并不是有心的，是没有任何相的。而弟子们并没有真正了解佛所说法的深奥道理，所以他们听到佛所说的法以后，都以相来解释这些法。

他们听佛讲无常，就理解为：无常就是流动，流动不止，刹那生灭。乃至于听到佛讲寂灭，也要来加以发挥解释，结果就要取这个灭相。

“迷生寂乱，悟无好恶”，正因为将心用心，心外求法，才会“迷生寂乱”。执迷的人落于常或无常两头，当然就生乱了。真正大彻大悟的人，是悟无好恶的。他不会说佛法我就特别喜欢，世间法、烦恼法我就特别讨厌，凡是你要做的事，你所遇的人，都是与你有缘的，当然，是顺缘还是逆缘，就说不清楚了。悟道的人，他也不会因为因缘的顺逆而产生好恶。你把自己心掏空了，干干净净的，然后集中意念，想你想要的事情，宇宙中自然储存的力量会跟你共振，这就是心想事成。这个跟神鬼没半点关系，是自己专心一致的心念做到的，而不是外力。

我们之所以还有“一切二边”的那种感觉，还有喜乐忧苦，还有烦恼菩提、得失是非、生死来去等等的感觉，就是因为我们还没有把这一切放下，分别心太重，仍然要在两边跑，每天在来来去去的事物上操心玩弄，如同迷在“梦幻空华”中一般。

宝积禅师上堂法语：

禅德，可中（假若）学道，似地擎山，不知山之孤峻，如石含玉，不知玉之无瑕。若如此者，是名出家。故导师云：‘法本不相碍，三际亦复然。无为无事人，犹是金锁难。’所以灵源独耀，道绝无生。大智非明，真空无迹。真如凡圣，皆是梦言。佛及涅槃，并为增语。禅德，直须自看，无人替代。

唯心所现，唯识所变

佛法的意义在于教化众生，佛陀四十九年在教什么？在说什么？他在说宇宙的真相，丝毫没有加自己的意思在里头。你了解宇宙和人生这些真相，你的人生才能智慧无碍。

所谓真相，在现实中不外乎先要了解几层关系：一、人与人的关系；二、人与万物的关系；三、人与天地，与不同时间空间维次那些众生的关系。

佛悟道后，告诉大家，宇宙真正的起源，是因缘和合，六道之外还有声闻、缘觉、菩萨、佛。四圣法界再上面，还有一真法界。这就是"唯心所现，唯识所变"。

唯心所现是指我们的心就是真如本性，虚空法界芸芸众生这些现象都是由它反应的。

那为什么有不同维次时间空间？唯识所变。

唐朝时法照禅师在五台山见到大圣竹林寺文殊菩萨讲经，那都是不同维次的时间空间。怎么来的？是从心里生出来的，就是《华严经》上讲的"唯心所现，唯识所变"。

西方只有唯心所现，没有唯识所变，几千年来，有人类开始，智者

及科学家都在探讨论证宇宙的起源、生命的起源，但真正发现事实真相的只有佛。佛是觉者，不是神。现代科学无法突破不同维次空间和时间，佛说这些怎么形成的？从一切众生妄想分别执著所生的，把妄想、分别、贪欲、迷情、执著统统放下就突破了。

佛陀于菩提树下证悟后，指出一切众生皆有如来智慧德相，只因妄想执著，不能证得；佛陀住世四十九年，广宣教化，目的是为了教育众生开发真如自性，破迷去执，从而获得解脱自在的人生。

佛法的对象是将立志入道的有情众生离苦得乐转化成为匡时救世的人天师表，“不舍道法，而现凡夫事”。

佛陀所说的三藏十二部经，乃至无言的身教，举凡世间一切的知识、德性、思想、技能，神通，哲学，文化，艺术都可总摄于佛法的教育范围之内。

佛法中，首重言行举止品德的修养，为“戒学”；次重身心的调御，为“定学”；进而重视真如自性的开发，为“慧学”。佛经中不但善于引用本生故事、悟道故事、譬喻、因缘等，还有千变万化八万四千法门。契理契机，因材施教。

佛法以“人本”破除“神本“，人本体现了人身难得，人身的重要性，人和佛的区别就在觉迷之间，佛陀由人而修行成佛的经历，证明了我们每个人都能通过自身的努力而即身成佛。人道为五道的中转站，也是其中最为关键的一个枢纽。因此，佛法让我们要把握当下，珍惜生命。“人本”还告诉我们，在修行上，要依靠自力和自觉，这就是“禅”的根本和核心精神，自性自度，这也是佛法和其他宗教的区别。佛教虽不排斥他力，但他力是建立在自力的基础上。

禅强调佛就在我们心中，心外无佛可得；只有我们相信自己，开发心中本有的潜能(自性),才能真正走向大自在、大解脱的境地。故此,禅师们运用启发式教学,循循善诱,棒打棍喝,开发修者独立思考,当下彻悟本性,由此可见,禅法直指人心,大开大合,以心传心,佛魔俱遣,生杀同时,只破不立,千圣不传,一路紧逼,逼到死角,悬崖撒手,觉后方苏。

当今社会佛法的"缘起性空"思想在社会伦理探究的实证下可以得到佐证,而"唯识思想"在现代科学的探究中逐渐得到印证。

佛法里的禅不迷信,不执著权威、经典、习俗、传统、传承,修者智慧自信,与人心共振。禅强调当下的心,重视活着的众生,不重仪式、超度、转世,故西方权威学者从二百多年前开始研究印度、中国的东方宗教文化时总结:佛法里的禅,不属于宗教范围。

佛是觉者,他是发现真理,而不是创造真理。因为一切创造终会灭亡,而真理不生不灭,不常不断,不来不去。

关于生死、灵魂、涅槃,禅者唱一个偈颂来表达:

生从何处来?死向何处去?
生也一片浮云起,死也一片浮云灭。
浮云自体本无实,生死去来亦如然。

赵州 有无吃茶

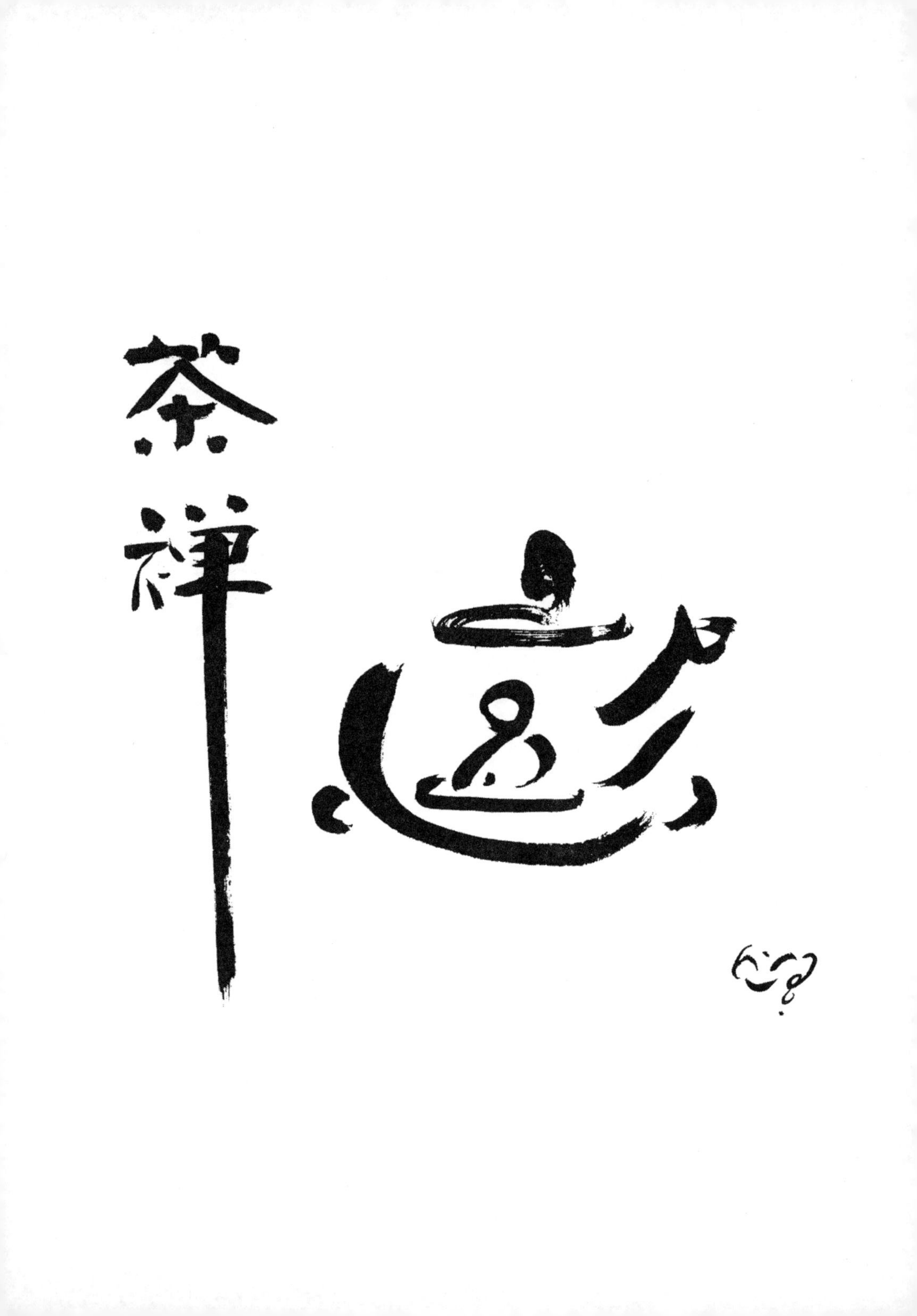

茶禅

随缘任性，笑傲浮生

赵州禅师（公元778～公元897年），俗姓郝，曹州（治所在今山东菏泽）郝乡人。法号从谂，幼年时，即孤介不群，厌于世乐，后出家，得法于南泉普愿禅师，为禅宗六祖惠能之后第四代传人。

他从小便是随缘任性，笑傲浮生，听说池州南泉普愿禅师道化日隆，从者如云，虽未受戒，他便以沙弥的身份，前往参见。

普愿禅师（公元748～公元834年），是马祖道一的得意门生。他九岁出家，刻苦勤勉，守志不渝。三十岁时到江西洪州开元寺投奔马祖习禅。当时马祖弟子一百三十九人，其中不乏大大有名的高徒，如百丈怀海、西堂智藏、大珠慧海、石巩慧藏等。普愿那时小荷才露尖尖角，但马祖深为赞赏他，称他为“独超象外”。

得道后南泉离开马祖，挂锡池阳阳泉山弘法，长达三十年。

《五灯会元》记载：

（从谂）初礼南泉，适逢禅师在方丈室中休息。

禅师一见，便问从谂：“近离甚么处？”

从谂道：“瑞像院。”

禅师又问:"还见瑞像么?"

从谂道:"不见瑞像,只见卧如来。"

禅师一听,便翻身坐起来,问道:"汝是有主沙弥,无主沙弥?"

从谂道:"有主沙弥。"

禅师道:"那(哪)个是你主?"

从谂走上前,躬身问讯道:"仲冬严寒,伏惟和尚尊候万福!"

南泉禅师知道这是个不可多得的法器,遂收他为入室弟子。

一日,从谂入室,问南泉禅师:"如何是道?"

南泉禅师道:"平常心是道。"

从谂道:"还可趣向也无?"

南泉禅师道:"拟向即乖。"

从谂道:"不拟争知是道?"

南泉禅师道:"道不属知,不属不知。知是妄觉,不知是无记。若真达不疑之道,犹如太虚,廓然荡豁,岂可强是非邪?"

从谂听完大悟。于是前往嵩岳琉琉坛受了具足戒后,又返回南泉座下,朝夕不倦,道业突飞猛进。他与师父南泉经常机锋酬和,相得甚欢。其中最广为流传的是"南泉斩猫"的公案,《五灯会元》记载:

南泉因东西两堂争猫儿,泉来堂内,提起猫儿,云:"道得即不斩,道不得即斩却。"

大众下语,皆不契泉意,当时即斩却猫儿。

至晚间，师（从谂）从外归来，问讯次，泉乃举前话了，云："你作么生救得猫儿？"

师遂将一只鞋戴在头上出去。

泉云："子若在，救得猫儿。"

说的是普愿座下东西两堂的僧人私下要争一只猫的归属，正好让禅师看见。普愿便对大家说："你们今天说得出道的人就可以救得这只猫的命，说不出来我就杀掉它。"大家吓得面面相觑，无言以对。普愿于是一刀将猫砍作两段。从谂从外面回来后，普愿把经过说给他听，并说："你若在，会怎么做救得猫儿？"他听后，脱下鞋子放在头上就走了出去。普愿叹声说："刚才你若在场，便救了猫儿。"

把鞋放在头顶，意为"本末倒置"，说的是为猫的归属争吵不休的僧众舍本取末。修法成佛是僧人为之追求的目标，为一只猫儿的归属起纷争，岂不是"道不得"？

宋代雪窦重显（公元 980 ~ 公元 1052 年），认为南泉斩猫此举是一项果断措施。他说：

两堂俱是杜禅和，拨动烟尘莫奈何。

幸得南泉举得令，一刀两断任偏颇。

东西两堂修行不到位的僧人，为小利致使禅堂起尘，相持不下。幸亏南泉挥起一刀，斩断了争执的对象。也许有人说南泉犯了杀生戒，是中是正，是偏是颇，禅者的态度是"狂叫暴呼任他评，桃红李白色自然"。

离开师父南泉后，从谂禅师开始了漫长的游历四方的生涯，足迹遍及大江南北，拜访诸多禅门大德，大善知识。他曾经自谓云："七岁孩儿胜我者，我即问伊；百岁老翁不及我者，我即教伊。"

唐大中十一年（公元857年），八十高龄的从谂禅师行脚至河北赵州，受信众敦请驻锡观音院（即现在的柏林禅寺），弘法传禅达四十年，僧俗共仰，人称"赵州古佛"。其证悟渊深、年高德劭，时称"南雪峰，北赵州"。

禅师处理政教关系得当，不失僧体，因而赢得各个阶级的护持和尊敬。生前，赵王王镕将他的功德言行上奏朝廷。

禅师将谢世时，谓弟子曰：

> 吾去世之后，焚烧了，不用净淘舍利。宗师弟子，不同浮俗；且身是幻，舍利何生，斯不可也。

又令人送拂子一枝与赵王，传语云：

> 此是老僧一生用不尽的。

言毕结跏趺端坐而终，住世一百二十年。

皇帝即颁下诏书，加"真际大师"之号，赐紫袈裟。赵王又尽送终之礼，道俗车马数万余人前往哀悼，"莫不高营雁塔，特竖丰碑。谥号曰真际禅师，光祖之塔"。

《祖堂集》概言曰：

> 自尔，随缘任性，笑傲浮生，拥毳携筇，周游烟水矣。

一心不生，万法无咎

师上堂，示众云：

金佛不度炉，木佛不度火，泥佛不度水，真佛内里坐。
菩提涅槃，真如佛性，尽是贴体衣服，亦名烦恼。
不问即无烦恼，实际理地，什么处著。
一心不生，万法无咎。
但究理而坐，二三十年若不会，截取老僧头去。

梦幻空花，徒劳把捉；心若不异，万法一如。
既不从外得，更拘什么。如羊相似，更乱拾物安口中作么。
老僧见药山，和尚道："有人问著，但教合取狗口。"
老僧亦道："合取狗口。"
取我是垢，不取我是净。一似猎狗相似，专欲得物吃。
佛法向什么处著。
一千人万人尽是觅佛汉子，觅一个道人无。
若与空王为弟子，莫教心病最难医。

未有世界，早有此性；世界坏时，此性不坏。

从一见老僧后，更不是别人，只是个主人公。

者个更向外觅作么？与么时，莫转头换面，即失却也。

禅师的这几句法语就在于启发学人明心见性。我们都知道，金佛度炉则熔，木佛度火则焚，泥佛度水则化。禅师认为，一个修者，不能心外求法，而应该参求自己本具的自性佛。每个人都有珍贵的、圆满的、清净的本心本性，这就是自性的“真佛”，它置身于我们的生命之中，不会被水火所毁坏。有形相的佛和一切有为法一样，避免不了成坏法则，遇到熔炉，大水自身难保，但自性的真佛却超然于这一切之外。如果心外求佛，迷信外在的金佛、泥佛，就永远难以求到真正的佛，真佛不是别的，就是我们的自心本性。

所以后面接着要人“一心不生，万法无咎”，“汝但究理”，直下担当，若如此参究修法二三十年，自然会觉悟本性。大家如果按照他的指点去参究，若不能证悟，可截取他的头，他以人头担保。

禅宗一法，本来是“直指人心，见性成佛”，没有公案可参。到了后来，学禅的人根器越来越浅，要契入禅门，直指人心有一定的困难。在不得已的情况下就产生了种种公案，用参公案的办法达到明见佛性。在诸多公案之中以赵州的“狗子佛性”较为有代表性。

《五灯会元》曰：

僧问狗子还有佛性也无？

师（从谂）曰无。

僧曰：上自诸佛下至蝼蚁，皆有佛性，狗子为甚么

却无？

师曰：为伊有业识性在。

又有僧问狗子还有佛性也否？

师曰有。

僧曰：既是佛性，为什么撞入这个皮袋裹？

师曰为他知故犯。

一僧问赵州："狗有佛性吗？"师云："无。"这个回答很奇怪，明明众生皆有佛性，狗也是众生啊，明明有佛性，为什么赵州禅师却说无？又一僧问同样的问题，师又说"有"。两个僧人问一个问题，而禅师却有迥然不同的答案，一会儿无，一会儿有，这里的有和无实际上是一个意思，有无只是一而二，二而一，不可把有无分开，《心经》云："以无所得故。"即是此意。

我们可以借用庄子中的一段对话来讨论关于"狗子佛性"的另一种认识：

《庄子》记载：

庄子与惠子游于濠梁之上。

庄子曰："儵鱼出游从容，是鱼之乐也？"

惠子曰："子非鱼，安知鱼之乐？"

庄子曰："子非我，安知我不知鱼之乐？"

惠子曰："我非子，固不知子矣；子固非鱼也，子之不知鱼之乐，全矣。"

庄子曰："请循其本。子曰'汝安知鱼乐'云者，既已知吾知之而问我。我知之濠上也。”

庄子和惠子两人去濠水边散步，闲谈之间却触及了禅的玄机。庄子说鱼儿从容游，是鱼的乐，惠子认为你不是鱼，怎么知道它快乐呢？同样的道理，那些问“狗子”有没有佛性的学僧们，狗子有没有佛性，你如何张口便问呢？佛性在于参悟，在日常的生活中体悟，而不是在喋喋不休的辩论、寻问中，这样就离禅远了。赵州禅师以“有”、“无”的回答来破除这些个执念。

黄檗希运与赵州是同时代的大禅师，他首先提出以参看“公案”的方法作为参禅的敲门砖。他在《传心法要》中说：

> 若是丈夫汉，须看个公案。
>
> 僧问赵州：“狗子还有佛性也无？”州云：“无。”
>
> 但去二六时中，看个“无”字，昼参夜参，行住坐卧，着衣吃饭处，屙屎放尿处，心心相顾，猛著精采，守个“无”字。
>
> 日久月深，打成一片，忽然心花顿发，悟佛祖之机，便不被天下老和尚舌头瞒，便会开大口。
>
> 达摩西来，无风起浪；世尊拈花，一场败缺。
>
> 到这里说甚阎罗老子，千圣尚不奈尔何。

宋朝大慧宗杲（公元1089～公元1163年）是圆悟克勤禅师的弟子，活跃于两宋，一生弘扬赵州“无”字公案。“无”字公案成了“无门关”，这一关突破了就能够明心见性，就能够彻底打破我们的无明烦

恼。他是"看话禅"的代表人物，以此破除"文字禅"的弊端。他认为参禅者用参话头的方法追虑审问，便可抵挡和打破一切杂念妄想而达到真正无心见自本性的目的。

关于赵州的"狗子无佛性"公案，他说：

> 赵州狗子无佛性话，喜怒静闹处，亦须提撕。第一不得用意等悟，若用意等悟，则自谓我今即迷，执迷待悟，纵经尘劫，亦不能得悟。但举话头时，略抖擞精神，看是个什么道理。

其他赵州禅师有代表性的公案：

> 崔郎中问："大善知识还入地狱也无？"
> 师（从谂）云："老僧末上入！"
> 崔云："既是大善知识，为什么入地狱？"
> 师云："老僧若不入，阿谁教化汝！"

这一天有一位姓崔的郎中问禅师，如禅师这般的大善知识还会下地狱吗？禅师说会，崔不解，既然修到这般境地为什么还会下地狱？禅师说，我不去地狱，谁来教化你？

禅师的话是一副化烦恼为清凉的清凉剂；又如当头一棒，崔郎中如当时开悟，便可化心中混浊为澄清；又如同是一阵清风，吹散芸芸众生心头的迷云障雾；再好比一轮红日，照亮婆娑世界，消融心底的寒冰。

如：

问："如何是道？"
师云："墙外的。"
云："不问者个。"
师云："问什么道？"
云："大道。"
师云："大道通长安。"

问："如何是忠言？"
师云："你娘丑陋。"

问："不与万法为侣者是什么人？"
师云："非人。"

问："如何是和尚家风？"
师云："内无一物，外无所求。"

问："如何是沙门行？"
师云："离行。"

师因在室坐禅次，主事报云："大王来礼拜。"
大王礼拜了，左右问："列土王来，为什么不起？"
师云："你不会。老僧者里，下等人来，出三门接；

中等人来，下禅床接；上等人来，禅床上接。不可唤大王作中等、下等人也，恐屈大王。”

大王欢喜，再三请入内供养。

有秀才见师手中拄杖，乃云：“佛不夺众生愿，是否？”

师云：“是。”

秀才云：“某甲就和尚乞取手中拄杖，得否？”

师云：“君子不夺人所好。”

秀才云：“某甲不是君子。”

师云：“老僧亦不是佛。”

师示众云：“至道无难，唯嫌拣择。才有言语，是拣择，是明白。老僧却不在明白里。是你还护惜也无。”

问：“和尚既不在明白里，又护惜个什么？”

师云：“我亦不知。”

学云：“和尚既不知，为什么道不在明白里？”

师云：“问事即得。礼拜了，退。”

禅师的这些语录简练、朴实、生动，多取自日常生活情境，平常心是一个非常高的境界，不是普通人所能做到的。不过，把平常心这样一个高深禅境，在生活中加以运用，能够帮助修者在毁誉面前心态平和。因而中国禅史籍和诸家灯录多有记载赵州禅师生平化迹和语录，后世各禅门大德、诸方丛林多以他作为丛林懿范。

吃茶去

云门胡饼赵州茶，信手拈来奉作家。
细嚼清风原有味，饱餐明月却无渣。

《五灯会元》载：

师（赵州）问新到："曾到此间么？"
曰："曾到。"
师曰："吃茶去。"

又问僧，僧曰："不曾到。"

师曰："吃茶去。"

后院主问曰："为什么曾到也云吃茶去，不曾到也云吃茶去？"

师召院主，主应喏，师曰："吃茶去。"

有僧来，禅师问："你来过这里吗？"说："来过。"赵州禅师就说："吃茶去。"另一僧来，禅师说："你来过这里吗？"弟子说："没有来过。""你吃茶去。"来过的没有来过的统统吃茶去，后院的院士就说："禅师好奇怪，为什么来过这里没来过这里的统统让他吃茶去？"禅师就说："你也吃茶去。"

赵州意在消除人的妄想分别。一落入妄想，就与本性乖离。只有除去一切颠倒攀缘，才是参禅的第一步。因此清代湛愚老人赞道："吃茶去三字，真直接，真痛快！"

后来禅师们多用赵州的这句话来消除学人的妄想。

僧问雪峰义存："古人道，路达达道人，不将语默对，未审将什么对？"

义存答："吃茶去。"

僧问保福从展禅师："古人道，非不非，是不是，意思是什么？"

从展拈起茶盏。

又有僧问如宝禅师："如何是和尚家风？"

> 如宝说:“饭后三碗茶。”

西汉甘露二年(公元前52年),吴理真在四川蒙顶山种下七株茶树开创了世界上人工种植茶叶的先河,吴理真因此被敬为茶祖。公元前4年,佛教传入中国后,吴理真在蒙顶山脱发修行,亦佛亦茶,首创“佛茶一家”,被尊称为甘露禅师。

和尚饮茶的历史由来已久。《晋书·艺术传》记载:

> 敦煌人单道开,不畏寒暑,常服小石子,所服药有松、桂、蜜之气,所饮茶苏而已。

这是较早的僧人饮茶的正式记载。单道开是东晋时代人,在邺城昭德寺坐禅修行,常服用有松、桂、蜜之气味的药丸,饮一种将茶、姜、桂、桔、枣等合煮的名曰“茶苏”的饮料。单道开饮的是当时很正宗的茶汤。

皎然禅师(约公元713～公元804年),俗姓谢,字清昼,湖州人。居杼山,与颜真卿、韦应物唱和,颇受二人看重。禅师是唐代诗僧、茶道大师。

皎然禅师惠及日后成为茶圣的陆羽,并上演了忘年交的传奇。皎然悟性奇高,以悟入诗,诗心犹锐,生活点滴无不转化为“文字般若”,诗与禅合一,仿佛月印千江而片水无痕。后人说皎然诗的感觉是泡出来的。

湖州妙喜寺,皓月当空,皎然禅师独坐禅堂,煎水煮茗,窗外风过竹梢,天地一片清凉。禅堂里一尘不染,炉香中袅袅飘出一缕沉香的淡雅之味，竹林掩映下的禅堂透出远离尘嚣的静谧。禅师轻搅面前的茶器，一缕茶香立刻溢满四周，那是春天清晨青草的味道。轻啜一口香茶，如饮甘露，顿觉神清气朗，一天打坐后带来的倦意尽消。山河大地一片清明，烦恼尘劳如风消散。禅师凝神净气，以无比愉悦之心挥笔写下了流芳百世的"饮茶歌"：

越人遗我剡溪茗，采得金芽爨金鼎。
素瓷雪色飘沫香，何似诸仙琼蕊浆。

一饮涤昏寐，情思爽朗满天地；
再饮清我神，忽如飞雨洒轻尘；
三饮便得道，何须苦心破烦恼。

此物清高世莫知，世人饮酒多自欺。
愁看毕卓瓮间夜，笑向陶潜篱下时。
崔侯啜之意不已，狂歌一曲惊人耳。
孰知茶道全尔真，唯有丹丘得如此。

皎然的另一首五言诗——《九日与陆处士羽饮茶》述说了他与忘年交陆羽的深厚感情：

九日山僧院，东篱菊也黄。
俗人多泛酒，谁解助茶香。

这一年的重阳节当人们都在饮酒时，他与好友陆羽却以茶代酒，品茶赏菊。金菊飘香景色清幽，凡人俗人多喜喝酒，只有修养之人，才知道菊花茶的芳香。皎然年长陆羽二十九岁，两人情深意厚，一僧一俗，陆羽在自传中称为“缁素忘年之交”。

陆羽被后人尊称为茶圣，他寺院出身，三岁时被禅师收养，从小练得一手采制、煮茶的高超技艺。他撰写的《茶经》记述了茶的历史、种植、加工以及茶具、品茶习俗等。

《茶经》中说：

> 茶者，南方之嘉木也，一尺二尺，乃至数十尺。其巴山峡川有两人合抱者，伐而掇之，其树如瓜芦，叶如栀子，花如白蔷薇，实如栟榈，蒂如丁香，根如胡桃。其字或从草，或从木，或草木并。其名一曰茶，二曰槚，三曰蔎，四曰茗，五曰荈。
>
> 茶之为用，味至寒，为饮最宜精行俭德之人，若热渴、凝闷、脑疼、目涩、四支烦、百节不舒，聊四五啜，与醍醐、甘露抗衡也。

这里说了茶的名称和功用，因为茶性寒，可以降火，作为饮品最适宜。品行端正有节俭美德的人，如果发烧，口渴，胸闷，头疼，眼涩，四肢无力，关节不畅，喝上四五口，其效果与最好的饮料醍醐、甘露不相上下。

古代的茶很珍贵，人们喝茶是连茶叶一起吃下去的，所以叫吃茶。“茶”字拆开即“人在草木间”，可以想见人与茶之间有着禅意的相

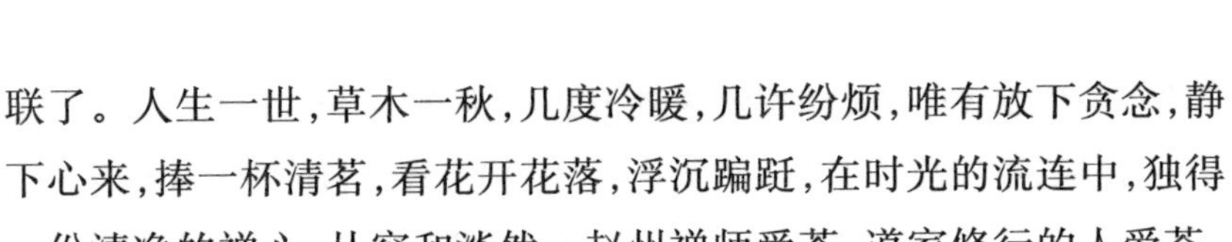

联了。人生一世，草木一秋，几度冷暖，几许纷烦，唯有放下贪念，静下心来，捧一杯清茗，看花开花落，浮沉蹁跹，在时光的流连中，独得一份清净的禅心，从容和淡然。赵州禅师爱茶，道家修行的人爱茶，长寿之人爱茶，这都和茶性有关。

(一)唐代著名医学家陈藏器在《本草拾遗》中写：

> 诸药为各病之药，茶为万病之药。
>
> 茶味苦、甘，入心、肝、脾、肺、肾五脏。

苦能泻下、燥湿、降逆，甘能补益，能清热、泻火、解毒。

李时珍在《本草纲目》中认为：

> 茶体轻浮，采摘之时芽蘖初两，正得春生之气。
>
> 味虽苦而气则薄，乃阴中之阳，可升可降。

(二)茶叶中含有多达几百种的营养物质，以及矿物质，常饮可以不饿。禅堂规定过午不食，故而喝茶既可消饥饿感，又可以提供身体需要的养分。

(三)茶气可以帮助养生。

什么是茶气？

用现代的话来说其实就是茶性被激发后的天然之气在人体内引发的反应、生机，生精、生气。茶吸收天地灵气，好的“茶气”让人神清气爽、如沐春风。

宋徽宗赵佶(公元1082～公元1135年)是北宋第八位皇帝，宋神宗第十一子，哲宗弟。哲宗病死，太后立他为帝。公元1100～公元

1125年在位25年，国亡被金俘受折磨而死，终年54岁，葬于永佑陵。赵佶喜茶，不仅精于茶事，擅长茶艺，他时时放下皇帝之尊，亲自为臣下烹茗调茶。在他眼里，茶艺高尚，亲自泡茶无碍帝之尊严。他以皇帝之尊，写有《茶论》一篇，人称《大观茶论》。这是惟一一部由皇帝御写的茶书。其中最为精彩的就是对七汤点茶法的描写：

> 量茶受汤，调如融胶，环注盏畔，勿使侵茶，势不欲猛，先须搅动茶膏。渐如周拂，手轻筅重，指绕腕旋，上下透彻，如酵蘖之起面，疏星皎月，灿然而生，则茶之根本立矣。第二汤自茶面注之，周回旋而不动，谓之咬盏。宜匀其轻清浮合者饮之。

如此生动的茶论，这在中国历史上也是绝无仅有了。

唐朝卢仝的《七碗茶歌》描述：

> 一碗喉吻润，二碗破孤闷，三碗搜枯肠，唯有文字五千卷。四碗发轻汗，平生不平事，尽向毛孔散。五碗肌骨清，六碗通仙灵。七碗吃不得也，唯觉两腋习习清风生。

至于是不是真的“六碗通仙灵。七碗吃不得也，唯觉两腋习习清风生”就不得而知了。

中国品茶之风始于寺院，盛行于寺院，唐宋之后，品茶之风更盛，普及到文人、士大夫、皇宫贵族，直至广泛的社会大众。古人认为茶有十德：以茶散郁气，以茶驱睡气，以茶养生气，以茶除病气，以茶利礼仁，以茶表敬意，以茶尝滋味，以茶养身体，以茶可行道，以茶可雅志。

顾况，别号华阳山人，幼年受佛经于其叔七觉和尚，至德二年（公元757年），顾况进士及第，年三十三岁。作为中唐时期的才子作《茶赋》，可谓神来之笔。《全唐文》记载：

> 稷天地之不平兮，兰为何兮早秀，菊为何兮迟荣。皇天既孕此物兮，厚地复糅之而萌。惜下国之偏多，嗟上林之不至。如玳筵，展瑶席，凝藻思，间灵液，赐名臣，留上客，谷莺啭，泛浓华，漱芳津，出恒品，先众珍，君门九重，圣寿万春，此茶上达于天子也；滋饭蔬之精素，攻肉食之膻腻。发当暑之清吟，涤通宵之昏寐。杏树桃花之深洞，竹林草堂之古寺。乘槎海上来，飞赐云中至，此茶下被于幽人也。《雅》曰："不知我者，谓我何求？"可怜翠涧阴，中有碧泉流。舒铁如金之鼎，越泥似玉之瓯。轻烟细沫霭然浮，爽气淡云风雨秋。梦里还钱，怀中赠袖。虽神妙而焉求。

这里充分表达了古代修养的雅士追求宁静志远、淡泊怡然的生活，结草庐观小溪潺潺，飞泉直泻，有茶炉与越瓯随伴左右，看茶气袅袅，观细沫漂漂，闻清香阵阵，听山风习习。在"爽气淡云风雨秋"境界里，人生夫复何求？

禅茶一味

将茶作为佛门密供，是唐代不空和尚的唐密首创，后百丈怀海禅师将茶列入供奉祖师的禅门法规。

茶分外、内、密、密密四层。例如茶：

外层：药料　内层：定中甘露

密层：禅味　密密层：常乐我净

茶另有四层功效：

外：结缘之茶　内：交心之茶

密：同心之茶　密密：茶密禅密

人的身心灵是一个完全的整体，在坐禅饮茶、如禅供茶、参禅品茶三者之间相互关联。

祖师禅的“禅茶”（即禅茶一昧）是在宋朝禅宗发展中形成的。也就是说，茶由禅兴，茶由坐禅饮茶发展到茶事融入法事，列进禅宗

《百丈清规》，乃至以茶作为供品供养祖师，再由此发展到以茶印心。圆珍的“吃茶饭”，赵州的“吃茶去”，以茶作为性性相通的载体，茶修禅修一体，茶味禅味一味，茶密禅密一道，这就完成了身心灵三法相即。也就是坐禅饮茶的茶道、敬祖供茶的茶道和用茶印心茶禅一味的茶道，不二圆融。

坐禅时的茶道，主要以茶气调息，摄心入定，心息相依，安般守意，进而止念迁流，臻于住息息住，制心一处。

敬祖供茶的茶道，主要供茶作观，作空性观，周遍明了，入本不生际，常乐我净。

禅茶一昧的茶道，主要是以茶净心，自心现量，远离四句，明心见性，平常即道。

形而上者谓之道，形而下者谓之器。道无器不现，器无道不明。

禅茶文化的影响除传承至日本的茶道外，也影响了韩国的茶礼，台湾的茶馆茶艺，以及中国南方的工夫茶、盖碗茶，形形色色的茶艺表演，但这些表现方式只能说是茶艺，而不是茶道。根本的区别，就在于现在的茶师只是在“色、香、味”上做工夫，引发刺激人们的视觉、嗅觉、味觉等各种感官，去享受、品尝，人们跟着感觉走。

泽庵宗彭《茶禅同一味》说：“茶意即禅意，舍禅意即无茶意。不知禅味，亦即不知茶味。”

珠光禅师说：“茶道的根本在于清心，这也是禅道的中心。”“一味清净（清心），法喜禅悦，赵州知此，陆羽未曾至此。人入茶室，外却人我之相，内蓄柔和之德，至交接相互间，谨兮敬兮，清兮寂兮，卒以天下（心国）太平。”

禅茶需用心体会，心与茶相应，体认六根及其外境对象六尘的因缘和合，虚幻不实，无常空性，色即是空空即是色，一切享受都只是自我意识的执著和陶醉。平常心是道就是通过日常生活，净治明相，观自心现量，善自心现，远离尘垢，根除烦恼。同样饮茶，同样“色香味”，茶艺跟着感觉走，而禅者则跟着清净的心走。心无挂碍，无有恐怖，远离颠倒梦想，究竟涅槃。

千利休也在《南方录》中写道：“佛之教即茶之本意。汲水、拾薪、烧水、点茶、供佛、施人、自啜、插花焚香，皆为习佛修行之行为”，而“茶道之秘事在于打碎了山水、草木、茶庵、主客、诸具、法则、规矩的，无一物之念的，无事安心的一片白露地。”

这一片白露地，就是禅茶的境界，臻于行深般若波罗蜜多的境界，不离“缘起性空”的中观，就是大圆满的如来藏，就是原始本性、内在光明，是胜义谛中无修无证、非茶非禅、不可言诠、不可思议的本际明相的茶密禅密。

入难入之楞伽，住无住之本际，达摩的二入四行，曹溪的一花五叶；祖师西来意，将心与汝安，欲了此中味，请你“吃茶去”。

但尽凡情，别无圣解

中国禅有则传说当时达摩祖师壁观九年，某一天，倦困已极，几近昏怠，蓦然惊觉后深为惭耻，扯下自己眼皮掷在地上，从此再无昏沉。在祖师掷下眼皮的地方长出两棵茶树，后来的僧人取茶叶煮水，用以清神思并治疗昏沉。

从《百丈清规》第四章“尊祖”仪轨中之“初祖达摩忌”的仪轨：

十月初五日，初祖忌。客堂预日挂牌，（牌云）明日恭逢达摩老祖示寂良辰。是晚，明早，课毕，闻钟声，齐诣祖堂礼祖。午前上供。（预日，祖堂香灯师赴库取香烛、茶供，供祖像前。次取供器。庄严祖堂。晚课毕，知客令钟头，鸣钟三下，众集祖堂。住持上香，三拜，不收坐具。上茶。退身三拜。再进前问讯。增茶。复位。三拜。收具。维那云：展具。众礼祖三拜。回堂。次日早课举，礼祖献茶同上。闻午梆，知客鸣大钟三下，众集祖堂。住持上香维那举）奈麻香云盖菩萨摩诃萨（三唱。众和次众齐称）。

由此仪轨中的“供茶”“上茶”“增茶”“献茶”，不但可以证实“茶”在佛教禅宗寺院中的地位非同一般，也佐证了“茶”为禅宗祖师达摩住世所喜爱，禅门把“茶”作为“供品”而供养给祖师。唐代人封演在《封氏见闻录》中记录北宗禅习茶的情景“学禅务于不寐，又不夕食，皆许其饮茶。人自怀挟，到处煮饮，从此转相仿效遂成风俗”。

禅者坐禅，敛心静坐，沉思静虑，专注一境，体悟大道。在长期的坐禅过程中，清心寡欲，少食少眠，为了克服昏沉、散乱、掉举等无明烦恼，达到身心轻安、观照明净的状态，茶是最好的辅助。寺院里仪规严苛的“吃茶”“煎点”仪式，也为僧人的日常生活增添了严谨、专注的气息。在清苦而漫长的修行历程中，茶可以清神思，可以解困乏，在冷寂的冬夜，一碗清香温暖的热茶，不仅滋养了禅者的色身，对于人心，也是一种慰藉。

在农禅时代寺院僧人自己种植、采制、饮用的茶，主要用于供佛、待客、自饮、结缘赠送等。寺院的禅茶精神概括为“正、清、和、雅”。禅茶的“正”就是八正道，“清”就是清净心，“和”就是六和敬，“雅”就是脱俗。

唐宋禅寺中专门设有“茶寮”，以供僧人吃茶；在诸寮舍司煎点茶的设有专门的职位，称为“茶头”。丛林规则要求每日在佛前、祖前、灵前供茶，新住持晋山，也有点茶、点汤仪式，甚至还有专门以茶汤开筵的，美名其曰“茶汤会”。

茶即是僧人无可替代的饮料，禅者还在“茶”中感悟出“禅”，也就是所谓的“茶禅一味”或曰“禅茶一味”。禅茶能够融为一体、相得益彰，是因为它们有许多共性：

(一)苦

佛法以“四谛”为总纲。

“苦、集、灭、道”四谛以苦为首。人生有生、老、病、死、怨憎会、爱别离、求不得,五蕴炽盛八苦,佛法的目的是众生离苦得乐。看破生死、通彻无常,征得解脱。

《本草纲目》中载:

> 茶苦而寒,阴中之阴,最能降火,火为百病,火清则上清矣。

从茶的苦后回甘、苦中有甘的特性,助修禅品茗时,回味人生,参破“苦谛”。

(二)静

老子《道德经》说:

> 致虚极,守静笃。万物并作,吾以观其复。夫物芸芸,各复归其根。归根曰静,是谓复命。

意思是人如何能够不为世间那些似是而非的谎言谬论所牵引?唯有心静,才能虚极。就像日出日落,世上万事万物每天反复循环,真正能够守静笃的,也就是落叶归根了。人回到清净的根也就是天命。天命者,道也。

曾子《大学》说:

知止而后有定;定而后能静;静而后能安;安而后能虑;虑而后能得。物有本末,事有终始。知所先后,则近道矣。

意思是人先要知止,即对目标、归宿和自己的原则立场有明确了解。对佛教而言,“止”为梵文奢摩他的意译,又译“止寂”“禅定”,指通过坐禅入定,扫除妄念,专心一境,达到寂静的境界。与“止”相对的范畴为“观”,为梵文毗婆舍那的意译,也被译为“智慧”,是在“止”的基础上发生的,指集中详细观察思维预定的事物和义理,获得某种功德和智慧。然后还要有定,即站稳立场,坚定不移。朱子《大学章句》解“定”字说:“知之,则有定向。”知止指对归宿有明确了解,则已经是“志有定向”的。所以,“定”字应指坚定不移。

然后,更要能静即心不妄动,静是静心。

对于“静”,《礼记》云:

人生而静,天之性也。

《论语》也说:

仁者静。

现实当中,人的修为是如何逐渐升级的呢?“知止而后有定,定而后能静,静而后能安,安而后能虑,虑而后能得。”这是一个思维程序运行的过程。

古代文人对于茶境和茶静的文学方面的发挥以《煮茶梦记》为元末茶文学的亮点，备受人们喜爱。杨维桢，元代著名文学家、书画家，字廉夫，泰定四年(公元1327年)进士。遂书歌遗之曰：

道可受兮不可传，天无形兮四时以言，妙乎天兮天天之先，天天之先，复何仙移间。白云微消，绿衣化烟，月反明予内间。予亦悟矣，遂冥神合元，月光尚隐隐于梅花间。小芸呼曰："凌霄芽熟矣！"

其中人与茶，境与思，静与灵，浑然一体，融化在冥冥天地之中，物我两忘，在静谧之中带来一丝禅茶的空灵虚静。

(三)合

平常心是道，在茶道的日常生活中感悟人生的哲理，契合大道。禅在哪里？茶又在哪里？就在当下，生活中的一切无不是道，禅心如同阳光照亮人生，赋予生活新的意义。如同赵州的"吃茶去"，疑问者是有执，赵州以一杯茶在一问一答的瞬间拉回迷失的心。一杯茶，生活与信仰，凡与圣，形而上与形而下，精神境界与物化生活，水乳交融，一味无别。

(四)放

一间茅屋在深山，白云半间僧半间。
白云有时行雨去，回头却羡老僧闲。

禅和茶之境都在于放下，悠然自得，身心浑然于清明之中，沏上一壶琥珀之色的茗茶，嗅之茶气清爽，品之芳香满怀，山色中茶禅不二，心与天地共存，此情此景，人生还有什么放不下的？

（五）雅

禅茶藉“雅”来体悟佛法。宇宙间万事万物包括人类自身在内它的本体都是四大所成，即地、水、火、风这四大所成，在禅茶中四大均有所表，即茶具表地大，沏茶之水表水大，给茶水加温之热力表火大，行茶道之动作或品茶表风大，禅茶含万法。

禅之精在悟，茶之境在雅，茶承禅意，禅存茶中，把茶的内在精神体验用语言和艺术表现出来就是“雅”，而“雅”所蕴涵的茶的无限“内涵”是需要禅师“吃茶去”的接引才能体悟的。

（六）变

泡茶时，第一杯茶味道会浓。第二杯会淡些，第三杯，第四杯，后来就成一杯清水了。这就像是无常的人生，万物在时时刻刻变化。

喝茶时用心体会万物的空性和变化，如《金刚经》说：

> 一切有为法，如梦幻泡影，如露亦如电，应作如是观。

禅师在和茶相契合的文化中，进一步发挥了生活禅“终日凡夫，终日道法”的思想，禅师们写茶诗、吟茶词、作茶画，或与文人唱和茶事，极大地丰富了禅茶文化的内容。将禅“凡圣一如”的思想及“戒、定、慧”的修习理念，深化茶的内涵，使禅茶更有神韵。禅在非想非非

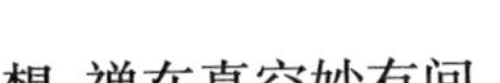

想，禅在真空妙有间。

禅门的茶事促进了茶道的发展。郑板桥有一副对联写得很妙：

从来名士能评水，自古高僧爱斗茶。

在南宋开禧年间，经常举行上千人大型茶宴，并把饮茶规范纳入了《百丈清规》，近代有的学者认为《百丈清规》是禅茶与儒茶结合的标志。

明代乐纯著《雪庵清史》，并列居士“清课”有“焚香、煮茗、习静、寻僧、奉佛、参禅、说法、作佛事、翻经、忏悔、放生……”

壁立万仞，月印千江

清朝雍正皇帝参禅悟道，他一生兢兢业业，整顿吏治，戮力改革，世间事功，正是得益于他所悟的出世法。现在故宫里仍旧留有他的对子：

> 惟以一人治天下，岂为天下奉一人。

雍正修禅精进忍辱，为直达禅境遍访明师，参悟领会禅的精髓，多年下来禅法已有很深造诣，一次在堂中禅坐无意中破关，感觉“达三身四智合一之理，物我一如本空之道”。境智融通，色空无碍，获大自在。国师望见即曰：“王得大自在矣。”

在《御选语录》里，雍正皇帝专门为赵州和尚的语录写了一篇序文，认为赵州和尚是达摩以来、六祖以下，一个非常有特色的、见地非常透彻的大禅师。

> 赵州谂禅师，圆证无生法忍，以本分事接人。龙门之桐，高百尺而无枝，朕阅其言句，真所谓皮肤剥落尽，独

见一真实者，诚达摩之所护念。狮乳一滴，足迸散千斛驴乳，但禅师垂示，如五色珠，若小知浅见，会于言表，则辜负古佛之慈悲，落草之婆心也。观师信手拈来，信口说出，皆令十方智者一时直入如来地，可谓壁立万仞，月印千江。如赵州之接人，诚为直指人心，见性成佛之古佛云。爰录其精粹者著于篇，以示后学，俾知真宗轨范，如是如是尔。

雍正十一年癸丑五月望日

圆悟 小玉檀郎

弦外之音

圆悟克勤禅师，临济宗五祖法演禅师之法嗣，俗姓骆，四川彭州人。祖上世代修儒。克勤禅师儿时记忆力极好，日记千言。一日，克勤禅师偶游妙寂寺，见到佛书，读之再三，如获旧物，怅然不已，谓同伴："予殆过去沙门也。"于是立志出家。

一次，克勤禅师得了重病，痛苦不已。追忆过去所学，对于解脱居然一点没用，遂感叹道："诸佛涅槃正路不在文句中，吾欲以声求色见，宜其无以死也！"病愈后，克勤禅师便放弃了过去沉溺于佛学知见义理的学习，四处往参宗门大德。

克勤禅师最后投法演禅师座下，因为之前博通经教，又参过不少禅门大德，养成了他很重的豪辩习气，经常会和师父争辩，法演禅师为了破除他的这些习气，对他要求非常严格，决不徇情。

一日，他又和往常一样与师父争辩。法演禅师便说道："是可以敌生死乎？他日涅槃堂孤灯独照时自验看！"

克勤禅师被说得无路可走，愤然离去。离开五祖后，他不久便染上了伤寒，身体不由自主，感觉命不久矣，这时，他想起平时法演禅师说的话，心中发誓道："我病稍间，即归五祖。"

克勤禅师的开悟机缘很奇特,是从一首艳诗悟道的。

他病愈后回山跟从法演禅师修行了数年,尽管修行精进不懈,时有所悟,但自己所写的诗偈呈上师父看时,师父却始终认为他还没有见到自性。

有一天,一位曾在朝廷任职的吏部陈提刑,刚巧辞返回蜀中,特来向法演禅师问道。

提刑问禅师:"什么是祖师西来意?"

法演回答说:"你少年时代可曾读过一首艳诗?'一段风光画不成,洞房深处恼予情。频呼小玉元无事,只要檀郎认得声。'后面这两句和祖师西来意颇为相近。"

古时男女授受不亲,一个女子不能主动对男子表达思念之情,即便是洞房之夜,新娘子也只能自己独坐在床前等待,不能出外呼唤丈夫,所以女子只能使唤贴身丫环小玉拿茶倒水,频频呼唤"小玉! 小玉!"其实根本没有什么事情,真实的目的是要她的新郎听到这呼唤声,知道她在这里。让他认得她的声音,记住她的声音,知道她在这里等他。诸佛祖师就好像这位用心良苦的新娘子,而众生就如同那位感觉迟钝的檀郎。祖师们的语录公案、诸佛的教示言说,好似那频呼小玉的弦外之音。法演禅师引用这首艳诗,自有其深意。陈提刑听了,口中频频称诺,满意地回去了。

克勤禅师听到这段公案,满脸疑惑地问师父道:"刚刚听到师父对提刑大人讲一首艳诗,不知他会也不会? 理解没有?"

法演回答说:"他只识得声音。"

"他既然识得声音,却为什么不能见道呢?"

法演此时迅雷不及掩耳地对克勤大吼一声:"什么是祖师西来

意？庭前柏树子！”

克勤豁然开解，跑出方丈室外，看见一只公鸡飞上栏杆，正鼓翅引颈高啼，笑道：“这岂不是‘只要檀郎认得声’的‘声音’！”

于是将自己开悟的心得写成一偈，呈给师父：

> 金鸭香炉锦绣帷，笙歌丛里醉扶归。
> 少年一段风流事，只许佳人独自知。

克勤谓悟道如热恋情事，只能自证自知，旁人是无法知道个中滋味的。佛对众人的呼唤，也只有那些心中有佛的人才能听得到。

五祖法演见了，欣慰地说：“见性悟道是历代诸佛祖师们念兹在兹的大事，不是小根劣器的凡夫所能成就的。今天你能和诸佛声气相通，我真为你高兴！”五祖于是对蜀中的禅门耆旧传出消息说：“我的侍者克勤终于悟道了！”

法演讲祖师西来意，那位提刑有没有悟道，不得而知，却让旁边的克勤禅师开悟了。克勤最终成了法演禅师最杰出的弟子。

当年道明在惠能面前用“如人饮水冷暖自知”来描述他开悟的心情，每个人开悟机缘不同，有禅师听卖豆腐的人唱“张豆腐，李豆腐，枕上思量千条路，明朝依旧买豆腐”而开悟，妙悟要穷心路绝，截断意流，立处皆真，一路向上，最后才是“道也者，不可须臾离也，可离者，非道也”。

冷暖自知

公元1111年，圆悟克勤禅师应丞相张商英居士之请，住持夹山。其间，在碧岩丈室对云门宗雪窦禅师选辑的《颂古百则》进行了长达七年的讲解剖析之后，汇编成《碧岩录》，共计十卷十二万字。

此书具有两大特点:一是内容丰富，二是形式活泼。它以雪窦禅师的《颂古百则》为底本，加之圆悟克勤禅师阐释评唱时将自己的学问见识、思想观点、人品智慧融入其中，可谓是集禅学、哲学、文学、史学、美学、伦理学、道德学之大成，又加以唱、诗、偈、颂、评于一炉，一唱三叹，深入浅出，简繁得宜，为世间人们所喜爱。

《碧岩录》被尊之为"宗门第一书"。于宋元之际流播海外，影响甚巨，不仅作用于寺院丛林，还作用于其他与禅相关的文化领域——例如对现今风靡世界的日本茶道有着直接影响。古代日本没有原生茶，也没有本土禅。古日本茶道圣典《南方录》中有言，"茶道是从禅道中出来的。"圆悟手书《茶禅一味》，被弟子带回日本，至今原迹依然保存在日本奈良大德寺。

"碧岩"二字源于夹山之开山祖善会禅师表示其悟境之诗句。

有人问夹山善会禅师如何是夹山境，夹山禅师回答说:"猿抱子

归青障里，鸟衔花落碧岩前。”我们只能想象其境，却不能真实地了解其境。

中国禅向来立文字而离文字，就像达摩大师的《二入四行论》中说的“不立文字，借教悟宗”。文字在这里不过是标月之指，渡河之筏，是被小姐频频呼唤的丫头“小玉”，只不过是个传意的工具而已，悟不悟道靠的是禅者的禅心。

现代人，谁还有闲心用诗词、作画、谱曲、吟唱来表达爱慕之情？听者又哪里会用心细究对方的弦外之音，而体会爱中千转百回的无限意境呢？细细猜度需要多少精神和工夫啊，干脆开门见山有事办事有话直说多好，或者直奔主题，爱就爱，不爱拉倒，哪有那么多风花雪月，儿女情长？别浪费彼此时间，留得精神赚钱创业找机会，或者有精力再寻异性交往。

我们不仅在爱中失去了耐心，在各个方面表现得也是越来越急躁。在人际交往方面，由于没有耐心而越来越功利化，见面先打听职业，做生意的人喜欢借酒来拉近彼此距离，费事互相花时间琢磨了解，大家喝得晕晕乎乎，一下子什么话都可以说，多简单？仿佛感情很深厚，瞬间变哥们。可是这些通过外力达到的亲密，哪里经得住考验？一旦有任何利益冲突，哥们之间的所谓交情比喝酒的速度消失得还快。

以前人们无论在外面有多少压力，回到家庭，可以释放，安心、舒服、放松，但是现代社会，人的心跑到了社会上，只关心发展、经济，利益、价值、家庭在社会上的地位，是否被外人认可等等。夫妻之间、子女之间最重要的感情沟通和维系就变得可有可无，能减则减。因此，许多夫妻名存实亡，对伴侣、对孩子的爱就想办法用物质来满足，来替代，来补偿。这个世界上最珍贵的东西都是用物质和金钱无法替代的，也是买不来的。例如阳光、空气、水，还有爱，如果爱可以变得用金钱衡量、计算、补偿，那不过是以爱的名义来进行的另一种交易而已，与真正的爱无关。

有些家庭夫妻之间的关系是用孩子这样的血缘关系来维系，认为血缘最可靠。中国传统观念上，夫妻关系是无寸，父母子女直系血缘是一寸，兄弟姐妹关系是二寸，堂兄弟妹是三寸，夫妻本应该是最亲密、不可分的。

夫妻之间是因为相爱而结合在一起，爱是双方组建家庭的全部理由和缘起，爱以心为主，异性因为爱心的吸引力而在一起生活，进而升华到责任、义务、依赖和习惯。因为这种爱的存在，所以会不在意随着时间的流逝对方身体的衰老，病痛，不在意对方事业的起伏，而坚定地执子之手，与子白头，不会因为外面的女人更年轻、外面的男人更有才干而背叛、变心，家庭中如果忽略了以这种内心的幸福感、信任感为本质，而以其他外在因素如名誉、财产、地位、事业、背景、身份作为家庭成立和维系的必要条件时，家庭的稳定性就岌岌可危，根本抵御不了跟随无常的人生际遇的变化而来的关系的变化。

大多数的夫妻沟通只停留在身体的范围内，身体的范围包括了一切外在的因素，也包括法律手续、财产分配等，如果爱没有上升到精神的高度，结果是痛苦的。身体范围的爱，是占有，是一方拥有另一方，不是包容和默契，爱是需要两个相爱的人拥有独立的人格，两个互为独立的人格在精神层面统一而又不时互相之间迸发灵性的召唤，令爱有自由，有生命，有激情，有尊重。在爱中绽放生命之光，包容和互相独立的爱会给爱呼吸的空间，从而产生创造力和灵感，滋润

生命，在短暂的相守时两情相悦，分开时两情岂在朝朝暮暮，盼望着下一次的重逢。而占有的爱是不信任，猜疑，霸占对方的身心，让人无法脱身，痛苦不堪。爱存在于人的本性中，是生命的本源，是一切的基础。所以爱心和禅心一样，需要心心相印，以心印心，而我们现在的人的爱基本上只有身体没有心。

为什么会把孩子看得这么重要呢？因为我们通常的爱缺乏心的滋养，男女之间感情无常，感觉抓不到，摸不着，不可信，而孩子是血脉相传，孩子才可靠。真的这样吗？孩子长大必然有自己的生活方式和生活空间，所谓靠孩子养老这种思想已经不适合现代社会了。分析这个心理还要回归到"看得见摸得着"这种思想的源头来论述。由于大部分现代人认为信仰、宗教、道德、哲学这些滋养心灵的修养是奢侈品，不能当饭吃，不能帮助大家在世间赚钱获利，所以根本不重要，可有可无。因为我们没有正确理解这些修养，更有人利用人们信仰的缺失而倡导迷信来谋一己之私。于是真的修者越来越少，人们对修养的意义越来越迷惑。在社会上物欲横流，急功近利的思想主导下，人们深陷其中，无论有钱没钱，社会地位如何，人们互相不信任，对不公平的遭遇麻木，对亲人不关心，对他人冷漠，"哀莫大于心死"，于是我们的心越来越不安，人越来越自私，恶性循环，都只相信眼前看得见的，相信血缘，相信利益。一旦病了就去医院，殊不知许多医院也被利益污染了，我们宁愿病急乱投医，也不愿面对自己，改变不良生活习惯、思维方式，我们大部分的病其实是心病，由于心无所依，时刻烦恼顿生，情绪失控，家不为家。所以人们打发不安的方式就是拼命让自己忙起来，交际应酬，旅游购物，吃饭喝酒，事业发展，填满空虚的生活，一刻也不敢让自己闲下来，一刻也离不开手机，没人找自己便感觉今天没事情做，心慌意乱。

只有以心为主的家庭，才会是我们休憩身心的港湾，只有每个人安心，这个社会才能安定、满足、幸福。“频呼小玉原无事，只要檀郎认得声”的那种心事婉转、表面平静，唯两人心有灵犀，风光旖旎，无限缠绵的诗情画意，是爱的美好，心灵有足够的空间，足够的养分才会有生命力，人只有勇敢地面对自己的心，自然浩气长存，敢于担当，直面当下，方是大丈夫所为。

唐朝的吕洞宾在终南山修行时，曾作诗感慨云：

独上高峰望八都，黑云散后月还孤。
茫茫宇宙人无数，几个男儿是丈夫。

顺其自然

坦山禅师过河遇女,有难色,背女过河。

行数十里,徒儿仍疑,问:“何故近女色?”

禅师问曰:“师早已放下,徒仍背乎?”

坦山禅师是日本明治时代的高僧。一天,他和徒儿下山,突下大雨,途中见到一位年轻的姑娘手足无措地站在大河前发呆,河水湍急,河中间的小石头在大雨中变得湿滑,姑娘不敢自己过去。坦山看到了这种情形,征得她的同意后,把她背过了河。徒儿见状非常奇怪,师父天天说不可近女色,怎么可以自己背着姑娘呢?在后来的路途上半天不说话,脸上闷闷不乐。坦山看着徒儿一路上困惑不解的表情,笑道:“徒儿,你心里还在想那姑娘吗?我早就把她放下了,你心里还背着呢!”

放下,不只是要放下身心以外的有形事物,就连内心的挂碍也要放下。要放下,就要先舍自我,不然,自我愈强,就愈不容易放下;无执著者,自我意识自会渐渐减少,自我减少,才是放下。

从前有一个富翁活得很不快乐,于是他背着金银财宝,四海为家去寻找快乐。可是走了很多地方也没寻找到快乐。那天他坐在山路旁，看见一个农夫背着一大捆柴汗流满面，哼着小曲从山上走下来，富翁问农夫："你这么累，背了这么大一捆柴，怎么看上去还挺快乐的?"农夫放下沉甸甸的柴草，一边揩着汗水一边笑着回答："快乐很简单，累了放下就快乐了呀!"富翁一下子醒悟了：

自己赚钱那么辛苦，赚来以后老怕别人抢，怕别人暗算，整日忧心忡忡，现在背着这些钱一样没有改变自己的人生，当然不可能有快乐。于是富翁开始将珠宝、钱财接济穷人，专做善事，他也从中体会到了帮助他人的幸福，简单生活的快乐。

人生是要放下很多东西的，背着太重的包袱艰难行走是很难体会到快乐的。

佛陀当年为了证悟真正解脱的大道，舍弃了王位、权势、财富、王妃等一切世俗名利，出家修行。可在各种不同的修行法门身体力行苦修了六年后，却还是没得到解脱生老病死诸苦的方法，于是放弃苦行，来到一颗菩提树下，只是静静地坐着，身心全然放下、放松，达到宁静空无的状态。第四十九天，他豁然开悟，世上万物都是因缘和合而来，万缘放下，甚至连修行的方法也放下，才能够成就解脱的大智慧。

那么，佛陀是如何教弟子放下的呢?

有一次，弟子拿一朵花走到佛陀面前进献。

佛陀说："放下花。"

弟子便放下花。

佛陀继续说："放下手。"

弟子便放下手。

佛陀又说："将你的身心也放下。"

弟子听了觉得很疑惑，心想：身心如何放下呢?

在一旁的阿难于是代替这位弟子请问佛陀:“世尊!身心要如何放下呢?”

佛陀说:“放不下,就担起来。”

弟子于是就领悟了。

人放不下的原因是因为担得不够重,没有达到无法承受的地步,那只有继续担,担到担不动的时候,自然而然就会放下。我们活在世间,到底在担了些什么?除了父母、夫妻、子女这些亲人外,事业、房子、车子,以及地位、名誉、财富。每个人从出世开始就一直在选择,在比较。欲望愈求愈多,包袱愈来愈重,烦恼当然跟着也愈来愈多。

有人说那好,我放下世俗中的一切,事业,家庭专心去修行这样是不是就是真正放下了?佛陀说的放下不是让每个人选择离开社会,或者逃避烦恼,该承担的时候一定要承担!出离心不是让你离开世间,而是离开自己纠结烦恼、欲望无穷的心,佛法也不是让每个烦恼的人都出家去修行,禅的思想是“平常心是道”,在日常生活中时刻保持清净菩提心,实修中体悟禅境,“放不下,就直下承担”。

我们可以考虑,每年拿出一些属于自己的时间,进行专修,净化身心,放松紧张和焦虑。但很多人认为学禅理就是修行,在义理上滔滔不绝,不进入实修,还是不可能体会禅境,“如人饮水冷暖自知”。还有些人在实修时,受不了自己身体酸麻冷热的变化,随时丧失坚持下去的信心,一边在禅修但满脑子都是美食美女、事业机遇,心去做外物、身体感觉的奴隶,被外境牵着走,喜怒哀乐全不由己,又如何可以放下、可以修成呢?

禅修如能做到不用脑筋去联想,去揣测、去比较、去分别,依照师父指引,全然接受身体的变化,体会身心的转化带来的喜悦,这样一直做下去，那就是真正的放下。禅修是透过各种方法，或动静一如的参禅打坐或增长智慧的经典参究来契合本性，帮助我们放下内心对眼、耳、鼻、舌、身、意这六尘、六根、六识的执著，心才能和空无、宁静、美妙、喜悦的禅境契合。

无分别时，便是真放下。

李翱诗曰：

> 选得幽居惬野情，终年无送亦无迎。
> 有时直上孤峰顶，月下披云啸一声。

空杯以待

一位在大学里教哲学的教授来请教南隐禅师，什么是禅？

南隐禅师以茶相待。他将水注入教授的杯中。杯子满了，南隐禅师好像没有发觉，他继续往杯子里注水。

望着茶水溢出杯来，满桌都是，教授忙着用纸巾拭水，并对禅师说："杯子满了，茶水已经漫出来了，禅师不要再倒了。"

南隐禅师停下来，说："你就像这杯子，你的头脑里装满了你对禅的理解、看法和想法，却跑来问我。如果你想让我说禅，你得先把自己的杯子空出来啊。"

有一次，在一个讲座里，听到有人在下面评论说："禅最没意思，没有是非、善恶观念，说'不思善，不思恶'，那我去杀人、抢银行的时候，不思恶，是不是就不犯法了呢？"许多人看经典，参究禅法，往往会这样断章取义，不能贯穿经义的前因后果，以偏概全。

惠能当时所说的"不思善，不思恶"，并非特指社会上真正善恶的行为，而是指善恶的对立分别心的问题，他要当时追杀他的道明修行到真正无分别心、无对立心，才是真放下。道明当时闻言，感觉自己已经大彻大悟，他又继续问："师父还有更秘密的法传你吗？"惠能说：

"秘密的法就在你的心中。"道明至此才真正大彻悟。哪里有什么更好、更秘密的法啊?

所以不能断章取义。每个人都会觉得别人执著的事情很好笑,当人家有事来咨询请教时,都会头头是道地劝对方放下,觉得这事又没什么了不起,怎么会这也放不下?但是,当与自身息息相关时,哪怕是芝麻小事,也会因为各种原因不肯放下。

人生曾经沧海,但终要驻足于青松明月、石间溪流才能体会。境、净、静,禅者静在心,放空自己,不染一尘,境由心生。于是了然,便有了"人闲桂花落,夜静春山空"的心境,只有自修的人才会体会。

善巧方便

文殊菩萨和普贤菩萨是中国佛教四大菩萨中的两尊菩萨，释迦牟尼佛的左、右胁侍菩萨，文殊骑青狮，专司“智慧”；普贤骑白象，专司“理”德。文殊菩萨代表聪明智慧，因德才超群，故称法王子。文殊菩萨的名字意译为“妙吉祥”，意为美妙、雅致、可爱，吉祥、美观、庄严。普贤菩萨辅助释迦佛弘扬佛道，且遍身十方。

有一则关于文殊和普贤菩萨未成道前的传说，话说当时二人在山里同修，已经具备了一定的功夫智慧。一日，二人下山乞食，回山路上，路过一个村庄，看到一个农户家的猪圈里，有一只母猪病了，躺在地上样子很可怜痛苦，普贤的慈悲心就出来了，想一切众生皆有情，母猪也是众生。因为业报变成猪身，慈悲心一出来，普贤就不想回山了，告诉文殊，你先回去，我要留下度母猪。文殊劝不住他，只好自己回山。

可是时间一晃过去了几个小时，天黑了，文殊左右等不到普贤回来，只好进入冥想，发现普贤自己变成了公猪，忘了自己度母猪的目的和自己本来的身份，正快乐地陪着母猪一起玩，文殊慌忙下山，找到普贤将他唤醒。

我们现实生活中有些人会出于怜悯心，同情心可怜别人，有些带着这样怜悯心生活在一起组建家庭。也有些人帮助别人的心不是出于慈悲，而是出于可怜，这些人感觉自己像救世主，别人应该感恩戴德，恭恭敬敬对待自己，他们离开自己活不下去，自己像个菩萨一样，救济对方，其实这样的心理都不是慈悲，无论是男女之间，还是社会上的济度众生，慈悲心带来的是平等、尊重、理解，落于怜悯心的爱情婚姻和救助行为多半最后会感觉委屈、好心没好报等等导致怨气不断，当我们自己智慧不够的时候，控制不了自己的情绪、恐惧、猜测、自以为是、洋洋自得、看不到后果，故而痴迷、难过、误解、迷惑。

佛法里有许多为了济度众生而创立的方便法门，尤其是以维摩诘居士为代表的一些行为，出入各种场所，但我们如果在自己修为不够、智慧不够的情况下，也想用这些方便法去济度别人时，极其容易反被环境所控，被对方所牵引，情绪跟着别人跑，忘了自己本来的目的。

让我们来一起参究体会一下《维摩诘经》中关于痴缠解缚的说法。

《维摩诘经》云：

何谓缚？何谓解？

贪着禅味，是菩萨缚。以方便生，是菩萨解。

又无方便慧缚，有方便慧解。

无慧方便缚，有慧方便解。

何谓无方便慧缚？

谓菩萨以爱见心庄严佛土，成就众生，于空无相无作法中，而自调伏，是名无方便慧缚。

何谓有方便慧解？

谓不以爱见心庄严佛土成就众生，于空无相无作法中，以自调伏，而不疲厌，是名有方便慧解。

何谓无慧方便缚？

谓菩萨住贪欲瞋恚邪见等诸烦恼，而殖众德本，是名无慧方便缚。

何谓有慧方便解？

谓离诸贪欲瞋恚邪见等诸烦恼，而殖众德本，回向阿耨多罗三藐三菩提，是名有慧方便解。

何为缚？像贪着禅定的愉悦，乐而不舍，是菩萨自己缚自己。随缘生起种种方便法门，是菩萨解脱。菩萨若不能因时因地因人方便施教，是因其有智障。能方便施教的菩萨，恰是因智慧通达而无缚。

至于菩萨为何会有缚呢？维摩诘以为，是因为在空则舍有，涉有则舍空，不在中道，面对众生困扰，很难以空论空。唯有观空时不取不着，涉有时不迷不惑，才能真正行方便门，永不疲厌，方便解缚。

怎样是有慧行方便能解脱？指菩萨于离贪欲、嗔恚、邪见等烦恼而行方便法以培植种种功德的基础，回向无上正等正觉。这就叫做有慧行方便能解脱。

普贤原本发心救度母猪，但行方便法时自己进入角色，忘了自己本来的目的和身份，这就告诉我们佛法的各种善巧方便法需要由智慧带动，利益众生的心和自修的行二者需要平衡，自利利他，方为菩萨行。

图书在版编目(CIP)数据

茶密禅心/悟义著.--上海:文汇出版社,2013.17

ISBN 978-7-5496-0788-4

Ⅰ.①茶… Ⅱ.①悟… Ⅲ.①个人-修养-通俗读物 Ⅳ.①B825-49

中国版本图书馆CIP数据核字(2012)第316183号

茶密禅心

著　　者 / 悟义
责任编辑 / 戴铮
策　　划 / 龙堂秘境
封面设计 / 张瑛
出版发行 / 文汇出版社
上海市威海路755号
(邮政编码200041)
经　　销 / 全国新华书店
印刷装订 / 上海新文印刷厂
版　　次 / 2013年1月第1版
印　　次 / 2024年11月第6次印刷
开　　本 / 640×960 1/16
字　　数 / 270千
印　　张 / 25.25
印　　数 / 20001—21500

书　　号 / ISBN 978-7-5496-0788-4
定　　价 / 68.00元